Wolf/Kersting/Friedenberg/Vollert
Mathematatik-Vorkurs

Ihr Plus – digitale Zusatzinhalte!
Auf unserem Download-Portal finden Sie zu diesem Titel kostenloses Zusatzmaterial. Geben Sie dazu einfach diesen Code ein:

plus-680ww-68bjo

plus.hanser-fachbuch.de

Bleiben Sie auf dem Laufenden!
Hanser Newsletter informieren Sie regelmäßig über neue Bücher und Termine aus den verschiedenen Bereichen der Technik. Profitieren Sie auch von Gewinnspielen und exklusiven Leseproben. Gleich anmelden unter

www.hanser-fachbuch.de/newsletter

Weiterführend gibt es die Lehrbücher für die Ingenieurmathematik:

Wolf/Kersting/Friedenberg/Mahlberg, *Ingenieurmathematik. Ein Lehrbuch für Online- und Präsenzlehre mit der Inverted-Classroom-Methode im ersten Semester*, 2023

Wolf/Kersting/Friedenberg, *Ingenieurmathematik. Ein Lehrbuch für Online- und Präsenzlehre mit der Inverted-Classroom-Methode im zweiten Semester*, 2021

Paul Wolf
Sophie J. Kersting
Stefan Friedenberg
Gina-Marie Vollert

Mathematik-Vorkurs

Ein Lehrbuch für Online- und Präsenzlehre mit der Inverted-Classroom-Methode für Ingenieur- und Wirtschaftswissenschaften

Über die Autor:innen:
Dr. Paul Wolf, Hochschule Stralsund, Vertretungsprofessor für Mathematik und Statistik, Hochschuldidaktiker
Sophie J. Kersting, Universität Greifswald, Mathematikerin
Prof. Dr. Stefan Friedenberg, Hochschule Stralsund, Professor für Mathematik
Gina-Marie Vollert, Hochschule Stralsund, Informatikerin, Tutorin Mathematik-Vorkurs

Print-ISBN: 978-3-446-48152-7
E-Book-ISBN: 978-3-446-48173-2

Bibliografische Information der Deutschen Nationalbibliothek:
Die Deutsche Nationalbibliothek verzeichnet diese Publikation in der Deutschen Nationalbibliografie; detaillierte bibliografische Daten sind im Internet unter http://dnb.d-nb.de abrufbar.

www.hanser-fachbuch.de
Lektorat: Frank Katzenmayer
Herstellung: Frauke Schafft
Coverkonzept: Marc Müller-Bremer, www.rebranding.de, München
Covergestaltung: Max Kostopoulos
Titelmotiv: © Sophie Kersting
Satz: Dr. Paul Wolf
Druck: CPI Books GmbH, Leck
Printed in Germany

Vorwort

Mathematik-Vorkurse gehören bereits seit vielen Jahren an den meisten Hochschulen fest zur Studieneingangsphase und sollen den Übergang von der Schule (oder Ausbildung) an die Hochschule erleichtern. Sie stellen üblicherweise ein zusätzliches, freiwilliges Angebot dar und richten sich an die angehenden Studierenden, die in ihrem Studienfach Mathematikveranstaltungen besuchen werden (z. B. Ingenieurstudiengänge oder Betriebswirtschaftslehre). Vorkurse dienen zugleich als Auffrischungskurs für Schulstoff, welcher eventuell schon in Vergessenheit geraten ist sowie auch als Brückenkurs zur Hochschulmathematik. Natürlich ist der soziale Aspekt, also das erste Kennenlernen von anderen Studierenden und der Hochschule in einem lockeren Rahmen, nicht zu unterschätzen und wird von Studierenden in höheren Semestern rückwirkend häufig besonders hervorgehoben.

Die hier vorliegenden Materialien richten sich einerseits an Lehrende, die einen Mathematik-Vorkurs planen, umsetzen und ggf. auch Aspekte der Inverted-Classroom-Methode einfließen lassen wollen. Andererseits können auch angehende Studierende diese Materialien und Aufgaben zum Selbststudium bzw. zur Vorbereitung nutzen.

Allgemeine Hinweise

Jedes Kapitel steht für einen Vorkurs-Tag, wobei die Inhalte für etwa 90 bis 120 Minuten Vorlesung bzw. Selbstlernzeit gedacht sind. Die Auswahl der Themen basiert auf einer umfangreichen Befragung[1] von Hochschullehrenden, die Mathematik oder ein mathematiknahes Fach (wie Technische Mechanik) in ingenieur- und wirtschaftswissenschaftlichen Studiengängen lehren. Die Inhalte werden an der Hochschule Stralsund für einen achttägigen Vorkurs genutzt und konzentrieren sich weitestgehend auf einen gemeinsamen Nenner an relevanten Themen. Ein Vorkurs-Tag besteht aus einer etwa zweistündigen Phase am Vormittag zur Einführung der Inhalte (per Vorlesung oder zum Selbstlernen per Videos bzw. Skript) und etwa vierstündigen Tutorien am Nachmittag. Diese Tutorien werden an der Hochschule Stralsund von Studierenden höheren Semesters gehalten, welche

[1] Siehe Wolf, P. & Friedenberg, S. (2017). Gegenüberstellung von Bildungsstandards und Bedarfsanalyse bzgl. der Mathematikgrundlagen an der HS Stralsund. ZFHE, Jg. 12, Nr. 4, S. 189–214 sowie Wolf, P. & Friedenberg, S. (2019). Hochschulweite Untersuchung der Mathematik-Grundlagen zu Studienbeginn an der Hochschule Stralsund. In 15. Proceedings der Wismarer Frege Reihe, S. 29–35

zuvor bzw. zum Vorkurs begleitend eine Tutorenschulung besucht haben.

Die Erklärungen der mathematischen Inhalte der folgenden Kapitel werden an passenden Stellen durch kleine Aufgaben (Verständnisfragen) unterbrochen. Diese sollten bearbeitet werden, bevor man weiter voranschreitet. Am Ende eines Kapitels finden sich die Lösungen zu den Verständnisfragen.

Zu jedem Kapitel (bzw. Vorkurs-Tag) werden Präsenzaufgaben angeboten, welche in den Tutorien bearbeitet und besprochen werden sollen. Sie sind für etwa vierstündige Tutorien gedacht. Soll der Vorkurs pro Tag etwas weniger intensiv sein, so könnte man ihn auch auf zwei bis drei Wochen strecken. Es handelt sich bei den aufgelisteten Präsenzaufgaben um einen Aufgaben-Pool, d. h. es können üblicherweise nicht alle Aufgaben in dieser Zeit bearbeitet werden, sondern in den Tutorien kann und sollte man nach Bedarf Schwerpunkte setzen. Die Zusatzaufgaben richten sich an Studierende, die schneller fertig sind und einen etwas höheren Schwierigkeitsgrad wünschen. Die Lösungen zu den Präsenzaufgaben sind, wie alle weiteren zusätzlichen Materialien (Formelsammlung, GeoGebra-Dateien, LaTeX-Dateien), im Online-Bereich[2] zu diesem Buch einsehbar.

Wir nutzen die im englischsprachigen Raum sowie in der Programmierung üblichen Dezimaltrennzeichen, d. h. 1,25 wird als 1.25 notiert. Auf Tausendertrennzeichen können wir in diesem Buch verzichten, sodass keine Verwechslungsgefahr besteht.

Die Materialien wurden nach bestem Wissen und Gewissen erstellt, können aber natürlich dennoch kleinere Fehler enthalten. Hinweise werden gerne per E-Mail entgegengenommen.

Informationen für Studierende

Um Ihren Einstieg in das Studium zu erleichtern, sollten Sie nach Möglichkeit an dem Mathematik-Vorkurs Ihrer Hochschule aufmerksam und aktiv teilnehmen. Wenn Sie die behandelten Themen bereits gut beherrschen, dann genießen Sie die Wiederholung und unterstützen die Leute im Kurs um sich herum und knüpfen Sie dabei neue Kontakte. Sollten Sie Schwierigkeiten mit den behandelten Inhalten haben, so ist der Vorkurs der richtige Ort, um an den Problemstellen zu arbeiten. Denn während des Semesters werden Sie erfahrungsgemäß kaum noch Zeit dafür finden, grundlegende Themen wie Bruchrechnung oder Logarithmusgesetze zu üben.

Die hier vorliegenden Materialien sind so konzipiert, dass Sie sich möglichst Abschnitt für Abschnitt mit den Inhalten beschäftigen und die entsprechenden Verständnisaufgaben genau dann lösen, wenn Sie auf diese treffen. Die Lösungen zu den Verständnisaufgaben finden Sie am Ende des entsprechenden Kapitels, wie auch Formelübersichten. Die

2 *https://plus.hanser-fachbuch.de/*

Präsenzaufgaben sind für die Tutorien gedacht und von zentraler Bedeutung, um Ihre mathematischen Fähigkeiten zu trainieren und zu festigen. Die Lösungen sind, wie alle weiteren zusätzlichen Materialien (Formelsammlung, GeoGebra-Dateien), im Online-Bereich[3] zu diesem Buch einsehbar.

Das Lehren und Lernen an der Hochschule unterscheidet sich mitunter deutlich vom Unterricht an der Schule. Es wird erwartet, dass Ihre Präsenzzeit etwa gleich der Zeit des Selbststudiums ist, d. h. Sie sollen sich pro Vorlesung mindestens erneut 90 Minuten Zeit nehmen, um die Inhalte nachzuvollziehen. Weitere Zeit wird zur Bearbeitung von Übungsaufgaben benötigt, die zentraler Bestandteil der Ausbildung sind. Es ist wichtig, dass Sie gerade in der Mathematik am Ball bleiben und nicht erst kurz vor der Klausur versuchen, alles in kurzer Zeit zu lernen, denn das funktioniert selten – und selbst wenn doch, so werden Sie die Inhalte schnell wieder vergessen, was sich schon im darauffolgenden Semester zum Nachteil für Sie entwickeln wird. In den Fachveranstaltungen (wie z. B. Technische Mechanik, Grundlagen der Elektrotechnik usw.) wird und muss man davon ausgehen, dass Sie die Themen, die in der Mathematik-Veranstaltung behandelt wurden, beherrschen.

Es gibt umfangreiche Bücher mit vielen Tipps zum Lernen an der Hochschule, wir wollen hier nur ein paar fundamentale Punkte aufzählen.

- Besuchen Sie nach Möglichkeit jede Vorlesung, jedes Tutorium und (falls angeboten) jede Zusatzübung oder Ergänzung
- Bereiten Sie die Vorlesungen nach: Inhalte nochmal durchgehen, Unklares bzw. Fragen notieren und die Lehrenden fragen. Versuchen Sie stets, selbst Beispiele für Definitionen, Sätze etc. zu finden und durchzurechnen. Lassen Sie niemals locker, bis Sie wirklich alles verstanden haben (d. h. nicht nur auswendig, sondern auch anwenden können).
- Machen Sie sich handschriftlich Listen zu wichtigen Eigenschaften, Definitionen, Sätzen usw.
- Bearbeiten Sie jede Übungsaufgabe sorgfältig. Geben Sie nicht auf, sondern fragen Sie ggf. andere Studierende und Lehrende um Rat (nicht nach der Lösung!). Ihre Vorlesungsmitschriften sollten beim Bearbeiten der Übungszettel in Griffweite liegen und Sie sollten das Thema, zu dem die Aufgabe gehört, bereits nachgearbeitet haben.
- Manche Menschen lernen besser in Lerngruppen, andere besser alleine. Aber bedenken Sie: In Klausuren zahlt nur das, was Sie selbst und eigenständig können. Bestehen Sie auf eine Einzelarbeitszeit, bevor man Ergebnisse vergleicht und sich bei Bedarf gegenseitig hilft.
- Besonders wichtig: Seien Sie ehrgeizig und geben Sie nicht auf, denn Sie machen das für sich und Ihre Zukunft. Sie können das schaffen, wie so viele andere vor Ihnen auch!

Viel Erfolg im Studium!

Paul Wolf, Sophie Kersting, Stefan Friedenberg & Gina-Marie Vollert — Im März 2024

[3] *https://plus.hanser-fachbuch.de/*

Inhalt

1 Zahlbereiche, Symbole, Mengen

Zunächst starten wir damit, die absoluten Grundlagen zu wiederholen. Mathematik kann als universelle Sprache vieler Wissenschaften gesehen werden, weshalb es nicht verwundert, dass man zunächst die Symbole lesen können muss, bevor man ganze Sätze verstehen kann. Schauen wir uns nun also einige grundlegende Symbole und ihre Bedeutung an. Wir können im Rahmen dieses Vorkurses nicht jeden Begriff mathematisch sauber einführen und werden daher teils mit intuitiven Vorstellungen arbeiten müssen (z. B. Mengenbegriff). Das soll uns hier jedoch nicht weiter stören. Die exakten Definitionen werden Sie an passender Stelle im Studium kennenlernen.

1.1 Zahlbereiche

Die folgenden Grundlagen sind Ihnen vermutlich aus der Schule bekannt. Wir gehen auf diese daher nur recht kurz ein.

1.1.1 Von $\mathbb{N}$ zu $\mathbb{R}$

Die **natürlichen Zahlen** sind definiert durch $\mathbb{N} := \{1, 2, 3, \ldots\}$, wobei häufig auch

$$\mathbb{N}_0 = \{0, 1, 2, 3, \ldots\}$$

verwendet wird. Der Zahlenstrahl ist eine sinnvolle graphische Darstellung (vgl. Bild 1.1).

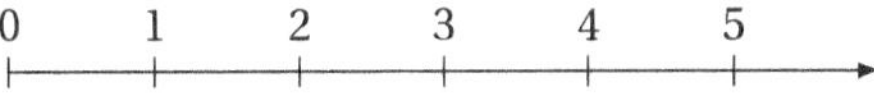

Bild 1.1 Zahlenstrahl zu $\mathbb{N}_0$

Die Addition erfolgt noch ohne Probleme, doch was soll beispielsweise $3-5$ sein (z. B. Schulden)? Durch Erweiterung der natürlichen Zahl um die negativen Zahlen erhält man die Menge der **ganzen Zahlen** (vgl. Bild 1.2):

$$\mathbb{Z} := \{0, \pm 1, \pm 2, \pm 3, \ldots\}$$

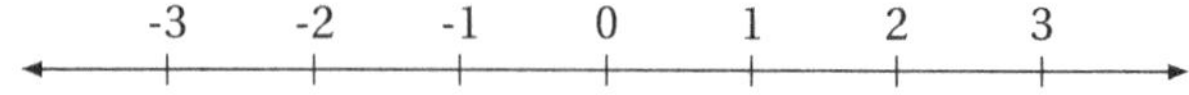

Bild 1.2 Zahlengerade zu $\mathbb{Z}$

Nun ist es zwar möglich, ohne Probleme zu subtrahieren, doch bei der Division z. B. 3 : 5 (Anteile) stoßen die ganzen Zahlen an ihre Grenzen. Daher ergänzen wir sie durch die Brüche, was uns zu den **rationalen Zahlen** führt. Diese sind definiert durch:

$$\mathbb{Q} := \left\{ \frac{m}{n} \mid m \in \mathbb{Z},\ n \in \mathbb{N} \right\}$$

Man bemerke, dass auch die ganzen Zahlen in $\mathbb{Q}$ enthalten sind, denn z. B. $-5 = \frac{-5}{1}$.

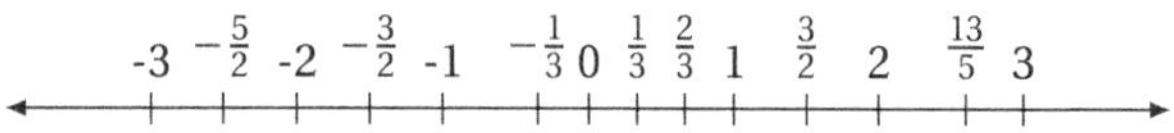

$-3 \quad -\frac{5}{2} \quad -2 \quad -\frac{3}{2} \quad -1 \quad -\frac{1}{3} \quad 0 \quad \frac{1}{3} \quad \frac{2}{3} \quad 1 \quad \frac{3}{2} \quad 2 \quad \frac{13}{5} \quad 3$

Bild 1.3 Zahlengerade zu $\mathbb{Q}$

Es gibt jedoch Zahlen, die nicht als Brüche dargestellt werden können, die **irrationalen Zahlen** $\mathbb{I}$. Bekannte Vertreter sind z. B. $\sqrt{2} \approx 1.41421\ldots$, $\pi \approx 3.14159\ldots$ oder die Euler-Zahl $e \approx 2.71828\ldots$. Sie füllen die „Lücken" zwischen den Brüchen, sodass zusammen eine kontinuierliche Zahlengerade entsteht. Wenn man nun $\mathbb{Q}$ und $\mathbb{I}$ vereinigt, so erhält man die **reellen Zahlen** $\mathbb{R}$, also „alle Zahlen". Der Zusammenhang zwischen den genannten Zahlenräumen wird in Bild 1.4 verdeutlicht.

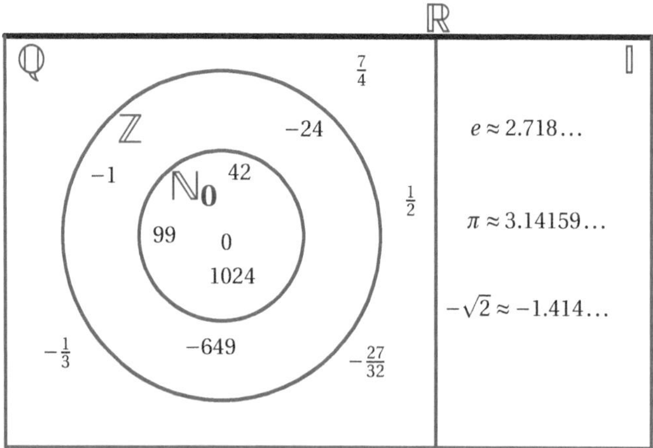

Bild 1.4 Visualisierung der Zahlbereiche $\mathbb{N}_0$ bis $\mathbb{R}$

Was ist aber beispielsweise mit $\sqrt{-1}$? Das würde uns zu den komplexen Zahlen $\mathbb{C}$ führen, die jedoch nicht Thema des Vorkurses sind.

Verständnisfrage 1

a) Ordnen Sie die Zahlbereiche $\mathbb{N}, \mathbb{Z}, \mathbb{Q}, \mathbb{I}, \mathbb{R}$ passend zu.
- Arbeitslosenquote
- Sterne zählen
- Zeit
- Kreisumfang von Kreis mit Radius $r = 1$
- Gewinn/Verlust im Casino

b) $\mathbb{N}$ ist abgeschlossen bzgl. der Multiplikation, d. h. das Produkt aus zwei natürlichen Zahlen ist stets wieder eine natürliche Zahl. Dies gilt ebenfalls für $\mathbb{Z}$ bzw. $\mathbb{Q}$. Finden Sie ein Beispiel, warum dagegen die irrationalen Zahlen nicht abgeschlossen bzgl. der Multiplikation sind.

■

1.1.2 Bruchrechnung

Wir wollen an dieser Stelle an die wichtigsten Bruchrechenregeln erinnern, die aus der Schule bekannt sein sollten. Ein Bruch hat den Aufbau $\frac{\text{Zähler}}{\text{Nenner}}$, wobei der Nenner nicht Null sein darf.

- **Multiplikation:** Hier ist es nicht nötig, die Brüche auf einen Nenner zu bringen.

$$\frac{a}{b} \cdot \frac{c}{d} = \frac{ac}{bd} \qquad \text{z. B. } \frac{2}{3} \cdot \frac{5}{7} = \frac{10}{21}$$

- **Kehrwert:** $\frac{1}{\left(\frac{a}{b}\right)} = \frac{b}{a}$, wobei man auch $\left(\frac{a}{b}\right)^{-1}$ statt $\frac{1}{\left(\frac{a}{b}\right)}$ schreibt.
- **Doppelbruch:** Der obere Bruch wird mit dem Kehrwert des unteren multipliziert, denn:

$$\frac{\frac{c}{d}}{\frac{a}{b}} = \frac{c}{d} \cdot \frac{1}{\frac{a}{b}} = \frac{c}{d} \cdot \frac{b}{a} = \frac{cb}{da} \qquad \text{z. B. } \frac{\frac{2}{3}}{\frac{5}{7}} = \frac{2}{3} \cdot \frac{7}{5} = \frac{14}{15}$$

- **Erweitern:** Um die Brüche auf einen gemeinsamen Nenner zu bringen, **erweitert** man sie. Erweitern ist nichts anderes, als mit einer 1 zu multiplizieren, die man passend darstellt:

$$\frac{3}{4} = \frac{3}{4} \cdot 1 = \frac{3}{4} \cdot \frac{2}{2} = \frac{6}{8}$$

  Also wird der Bruch nur in seiner Darstellung so geändert, dass er mit anderen vergleichbar wird. So könnten wir nun $\frac{3}{4}$ sofort mit beispielsweise $\frac{5}{8}$ vergleichen, da gilt:

$$\frac{3}{4} = \frac{6}{8} > \frac{5}{8}$$

- **Kürzen:** Der gegenteilige Vorgang, also das Entfernen der Eins wird kürzen genannt. Hier ausführlich:

$$\frac{ac}{bc} = \frac{a}{b} \cdot \frac{c}{c} = \frac{a}{b} \cdot 1 = \frac{a}{b}$$

  Oder kurz:

$$\frac{a\cancel{c}}{b\cancel{c}} = \frac{a}{b}$$

Der Vorteil der langen Variante besteht allerdings darin, dass man nicht fälschlicherweise aus Summen kürzt. So wäre das Kürzen von c in folgendem Bruch nicht zulässig:

$$\frac{a+c}{c} \overset{!!!}{\neq} \frac{a+1}{1} = a+1$$

Geht man ausführlich vor, so macht man es richtig:

$$\frac{a+c}{c} = \frac{\left(\frac{a}{c}+1\right)\cdot c}{1\cdot c} = \frac{\left(\frac{a}{c}+1\right)}{1}\cdot\frac{c}{c} = \frac{a}{c}+1$$

Sind Sie in der Bruchrechnung noch unsicher, so empfiehlt sich die ausführliche Variante, bis Sie darauf verzichten können.

- **Addition:** Sind die Brüche gleichnamig (gleicher Nenner), so kann man die Zähler direkt addieren:

$$\frac{a}{b}+\frac{c}{b} = \frac{a+c}{b}$$

Sind die Nenner jedoch unterschiedlich, so müssen wir die Brüche passend erweitern und dadurch auf einen gemeinsamen Nenner bringen:

$$\frac{a}{b}+\frac{c}{d} = \frac{ad}{bd}+\frac{cb}{db} = \frac{ad+cb}{db}$$

Da leider viele Leute die Bruchrechnung als unangenehm in Erinnerung haben und daher lieber auf (die eigentlich schwierigeren) Dezimalzahlen zurückgreifen, betrachten wir hier noch ein Beispiel, weshalb man zum Rechnen stets Brüche bevorzugen sollte. Während $\frac{3}{8}\cdot\frac{4}{3}=\frac{1}{2}$ auch im Kopf sehr einfach ist, stellt uns dieselbe Rechnung in Dezimalzahlen vor eine Herausforderung: $0.375\cdot 1.\bar{3} = 0.5$.
Wenn man ein Ergebnis berechnet hat, so können Dezimalzahlen für die Anschauung durchaus nützlich sein. Ein weiteres wichtiges Argument für die Bruchrechnung ist, dass sie im Umgang mit vielen Formeln benötigt wird (siehe z. B. Elektrotechnik $R=\frac{I}{U}$ oder BWL Umsatzrentabilität = $\frac{\text{Gewinn}}{\text{Umsatz}}$ oder Prozentrechnung u. v. m.). Und letztlich sollte man sich bewusst sein, dass ein Bruch wie $\frac{1}{3}$ natürlich exakter ist, als eine gerundete Form wie 0.33. Solche vermeintlich kleinen Rundungsfehler können bei komplexeren Verfahren zu erheblichen Fehlern im Endergebnis führen.

Verständnisfrage 2

a) Welche Umformungen sind im Folgenden Beispiel richtig bzw. falsch?

$$\frac{2}{3} = \frac{8}{12} = \frac{2\cdot 4}{2\cdot 6} = \frac{2}{2}+\frac{4}{6} = 1+\frac{2}{3}$$

b) Ein Beispiel aus der Elektrotechnik: Sind zwei elektrische Widerstände R_1, R_2 parallel geschaltet und sucht man den gemeinsamen Widerstand, so kann man folgende Formel nutzen:

$$\frac{1}{R_{\text{gesamt}}} = \frac{1}{R_1}+\frac{1}{R_2}$$

Addieren Sie die Brüche auf der rechten Seite und bilden Sie anschließend den Kehrwert, um eine direkte Formel für den Gesamtwiderstand zu erhalten. ■

1.1.3 Distributivgesetz in $\mathbb{R}$

Das Assoziativ- und das Kommutativgesetz[1] bereiten meist keine Probleme, das Distributivgesetz jedoch häufig schon. Es seien nun $a, b, c, d \in \mathbb{R}$, also reelle Zahlen. Das Distributivgesetz lautet:

$$a(b+c) = ab + ac$$

Liest man die Zeile von links nach rechts, so nennt man dies auch **Ausmultiplizieren** oder „Klammern auflösen“. Von rechts nach links spricht man vom **Ausklammern** (hier wird a ausgeklammert). Man kann das Distributivgesetz auch mehrfach anwenden, wodurch sich folgende Regel für zwei Klammern ergibt:

$$(a+b)(c+d) = a(c+d) + b(c+d) = ac + ad + bc + bd$$

Da in diesem Zusammenhang die **Vorzeichenregeln** der Multiplikation häufig vergessen werden, fassen wir sie in Tabelle 1.1 zusammen. In Worten: Positiv mal Positiv gibt Positiv. Positiv mal Negativ gibt Negativ. Und Negativ mal Negativ gibt Positiv. So ist beispielsweise $(-3) \cdot (-5) = 15$.

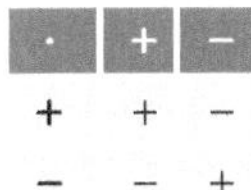

·	+	−
+	+	−
−	−	+

Tabelle 1.1 Vorzeichentabelle zur Multiplikation in $\mathbb{R}$

Beispiel:

$$\begin{aligned} -3(x-y) + 2(-x+y) &= -3(x-y) - 2(x-y) \\ &= (x-y)(-3-2) \\ &= -5(x-y) \\ &= -5x + 5y \end{aligned}$$

Wir haben hier $(x-y)$ als Ganzes ausgeklammert. Man beachte die Verwendung der Vorzeichenregeln in diesem Beispiel. ▲

Verständnisfrage 3

a) Klammern Sie $(x+2y)$ in folgendem Ausdruck aus: $5(x+2y) - 8z(-x-2y)$.

b) Warum sollte man die Zahl Null grundsätzlich niemals ausklammern? ■

[1] Assoziativgesetz: $a+(b+c) = (a+b)+c$, Kommutativgesetz: $a+b = b+a$ (bzw. jeweils auch mit Multiplikation)

1.2 Mathematische und aussagenlogische Symbole

Wer die Zeichen nicht lesen kann, wird den Text nie verstehen, daher wollen wir nun auf einige grundlegende mathematische (bzw. aussagenlogische) Symbole eingehen. Zum Lernen ist es stets sinnvoll, sich eigene Beispiel zu überlegen und immer, wenn man beim Lesen auf diese Symbole stößt, sie (falls möglich) laut vorzulesen (siehe dazu die „lies"-Anmerkungen).

Wir werden im Folgenden logische Aussagen durch Symbole darstellen. Eine logische Aussage ist dadurch definiert, dass man ihr einen Wahrheitswert (wahr oder falsch) zuweisen kann. So kann der Satz „Anna ist 165 cm groß." wahr oder falsch sein und ist damit eine Aussage. Dagegen sind „Alles Gute zum Geburtstag!" oder auch „Wie geht es dir?" keine Aussagen. Kommen wir nun zu für uns wichtigen Aussagen:

- $x \in M$ lies: „x **ist Element** der Menge M" (analog $x \notin M$ für „ist kein Element…")

Beispiel:
$5 \in \mathbb{N}$, lies: 5 ist ein Element der natürlichen Zahlen.
$-3 \notin \mathbb{N}$, lies: −3 ist kein Element der ganzen Zahlen (ist keine ganze Zahl). ▲

- $A \Rightarrow B$ (**Implikation**) lies: „Aus (Aussage) A folgt (Aussage) B" bzw. „Wenn A, dann B" oder „A impliziert B". Alternativ sagt man auch „A ist hinreichend für B" bzw. „B ist notwendig für A".

Beispiel:
„Wenn die Sonne scheint, dann ist es Tag." Als sogenannte aussagenlogische Formel ist dies $A \Rightarrow B$, wobei A die Aussage „Die Sonne scheint."und B die Aussage „Es ist Tag." sind. Man kann auch sagen, dass das Scheinen der Sonne hinreichend für den Tag ist oder, dass es notwendig ist, dass es Tag ist, damit die Sonne scheint. ▲

- $A \Leftrightarrow B$ (**Äquivalenz**) lies: „A genau dann, wenn B."

Achtung: Bei Äquivalenz müssen beide Implikationen (Richtungen) $A \Rightarrow B$ *und* $B \Rightarrow A$ gelten!

Beispiel:
„Die Sonne scheint genau dann, wenn es Tag ist."
Hier wäre zwar die Hinrichtung („Wenn die Sonne scheint, dann ist es Tag.") in Ordnung, aber die Rückrichtung („Wenn es Tag ist, dann scheint die Sonne.") ist bei Wolken oder Sonnenfinsternis ungültig.
Dagegen ist folgende Aussage in beiden Richtungen wahr: „Wasser gefriert unter normalen Umständen genau dann, wenn die Temperatur auf oder unter 0°C sinkt." ▲

Weitere wichtige Begriffe sind:

- $A \wedge B$ (**Konjunktion**) lies: „A und B"

Beispiel:
„Heute ist das Wetter gut und morgen wird es regnen.“ Hier sind die Einzelaussagen $A =$“Heute ist das Wetter gut“ und $B =$“Morgen wird es regnen“. Die Konjunktion ist nur wahr, wenn beide Aussagen wahr sind, also müsste das Wetter heute gut sein und es muss morgen regnen, damit die Gesamtaussage wahr ist. ▲

- $A \vee B$ (**Disjunktion**) lies: „A oder B“, wobei dies ein nicht-ausschließendes Oder ist, also dürfen auch beide Fälle eintreten.[2]

Beispiel:
„In der Mensa gibt es Salat oder Pommes.“ Eine Disjunktion ist wahr, wenn mindestens eine der beiden Aussagen wahr ist. Es würde hier also genügen, wenn es in der Mensa Pommes gibt, damit die Gesamtaussage wahr ist. ▲

- $\neg A$ (**Negation**) lies: „Es gilt nicht A“.

Beispiel:
Wenn die Aussage $A =$“Es gibt Pommes.“ lautet, so wäre nicht-A (oder auch non-A) die Aussage „Es gilt nicht, dass es Pommes gibt“ (Kurz: „Es gibt keine Pommes.“). ▲

- $M := X$ (**Definition**) lies: „Definiere M als X“.

Beispiel:
Mit $M := \mathbb{R}_{>0}$ wird M als die Menge der positiven reellen Zahlen definiert. ▲

- **Vergleichszeichen**[3] wie $x < y$, lies: „x echt kleiner y“. Entsprechend ist bei $x \leq y$ auch $x = y$ erlaubt (lies: „x kleiner-gleich y“). Analog $x > y$ bzw. $x \geq y$ für größer bzw. größer-gleich.

Für viele Aussagen werden die folgenden beiden wichtigen **Quantoren** benötigt:

- **Existenzquantor** $\exists$, lies „es gibt (mindestens) ein ... (mit der Eigenschaft ...) “. Manchmal findet man ein Ausrufezeichen hinter dem Existenzquantor ($\exists!$), dann liest man: „Es gibt *genau* ein ...“.

Beispiel:
$\exists x \in \mathbb{N} : x < 2$, lies: „Es gibt (mind.) ein $x \in \mathbb{N}$ mit $x < 2$“ (was übrigens eine wahre Aussage ist, denn $x = 1$ erfüllt dies). ▲

- **Allquantor** $\forall$, lies „für alle ... (gilt...) “.

Beispiel:
$\forall x \in \mathbb{N} : x > 0$ lies: „Für alle $x \in \mathbb{N}$ gilt $x > 0$“, was offensichtlich eine wahre Aussage ist. ▲

Häufig werden diese Quantoren miteinander verbunden, um komplexere Aussagen formulieren zu können.

- $\forall x \exists y$ lies: „Für alle x gibt es ein y derart, dass ... “

2 In der Alltagssprache wird die Disjunktion meist nicht so, sondern exklusiv verwendet.

3 Falls es Ihnen schwer fällt, sich zu merken, auf welcher Seite die größere Zahl steht: Das Zeichen ist dort größer, wo die größere Zahl steht (z. B. $1 < 5$).

- $\exists x \forall y$ lies: „Es gibt ein x derart, dass für alle y gilt … “.

Beispiel:

$$\forall n \in \mathbb{N}\, \exists z \in \mathbb{Z}:\ n = -z$$

Zum Verstehen lesen wir uns die Aussage vor: Für alle $n \in \mathbb{N}$ gibt es (mind.) ein $z \in \mathbb{Z}$ mit der Eigenschaft $n = -z$. Das kann man noch etwas verständlicher formulieren: Zu jeder natürlichen Zahl n gibt es eine ganze Zahl z, sodass $n = -z$ gilt. Diese Aussage ist offensichtlich wahr, da die ganzen Zahlen lediglich die Erweiterung der natürlichen Zahlen (und die Null) durch die entsprechenden negativen Zahlen sind.
Dreht man die Quantoren um, so ändert sich im Allgemeinen die Aussage ganz erheblich. Hier wäre dies:

$$\exists n \in \mathbb{N}\, \forall z \in \mathbb{Z}:\ n = -z$$

Damit dies nun wahr wäre, müsste es eine natürliche Zahl geben, sodass jede (!) ganze Zahl (mit (-1) multipliziert) als diese eine(!) natürliche Zahl dargestellt werden kann. Das ist offensichtlich falsch. So gibt es kein $n \in \mathbb{N}$, was sowohl für $z_1 = -2$ und $z_2 = -3$ erfüllt, dass $n = -(-2) = 2$ und zugleich $n = -(-3) = 3$ ist. ▲

Verständnisfrage 4

a) Nutzen Sie die erlernten Zeichen, um den folgenden Text so weit wie möglich in aussagenlogischen Formeln zu formulieren (stichpunktartig genügt). Zum besseren Verständnis, hier zunächst ein Beispiel:
„Wenn Tobias den Zug verpasst, dann wird er zu spät kommen und Ärger haben.“
Lösung: Mit A = „Tobias verpasst den Zug.“, B = „Er kommt zu spät.“ und C = „Er hat Ärger.“ ergibt sich als aussagenlogische Formulierung:

$$A \Rightarrow (B \wedge C)$$

Hier nun der Text, den Sie bitte bearbeiten:
Auf dem Weg zur Arbeit fiel Tobias ein, dass er noch Anna anrufen und von Bernd das geliehene Geld zurückverlangen wollte. Verärgert stellte Tobias fest, dass immer genau dann, wenn Bernd sich von ihm Geld lieh, dieser auf keine Nachrichten mehr reagierte. Angeblich sei der Akku defekt oder er hätte das Klingeln überhört.
„Es wird Stress geben, wenn er diese Ausreden wieder bringt!“, dachte Tobias.
„Ich wette, es wird heute eine Gelegenheit geben, ihn zur Rede zu stellen.“
Tatsächlich lief Bernd gerade über den Parkplatz, als Tobias ankam.
„Hey Bernd, zahlst du mir gleich das Geld zurück oder muss ich dir noch tagelang hinterher rennen?“
„Ja!“, rief dieser noch hastig zurück, bevor er im Gebäude verschwand.

b) Was passiert, wenn Sie in der Aussage „Für alle Mütter gilt, dass jede mindestens ein Kind hat“ die Quantoren tauschen? Es bietet sich an, M als die Menge aller Mütter und K als die Menge aller Kinder zu verwenden, wenn Sie den Satz in eine aussagenlogische Formel überführen.

c) Wahr oder falsch? $\forall x \in \mathbb{Z} \setminus \{0\}\ \exists y \in \mathbb{Q}:\ x \cdot y = 1$.

■

1.3 Mengenlehre

Für Menschen ist es völlig natürlich, in Mengen zu denken: Ein Baum ist ein Element der Menge der Pflanzen, eine Möwe ist ein Element der Menge der Vögel, welche wiederum eine Teilmenge der Menge der Tiere ist. Die Mathematik nimmt dies auf und verwendet diese Denkart als Grundlage für alle weiteren Betrachtungen. Daher ist es sehr wichtig, ein Grundverständnis von Mengen zu haben und sie lesen und verstehen zu können.

1.3.1 Schreibweise und Aufbau

Objekte einer Menge heißen **Elemente**. Die Anzahl an Elementen einer Menge ist ihre **Kardinalität** (Mächtigkeit) und wird mit $card$ abgekürzt. Liegt keine Verwechslungsgefahr vor, so kann man auch Betragsstriche um die Menge schreiben, wenn man die Kardinalität angeben möchte.

Beispiel und Bemerkungen:

- $M = \{5, 7, 9\} \Rightarrow \text{card}(M) = 3$, denn die Menge M enthält genau drei Elemente (nämlich die Zahlen 5, 7 und 9). Liegt keine Verwechslungsgefahr vor, so kann man auch $|M| = 3$ schreiben.
- Eine Menge M heißt endlich, wenn $\text{card}(M) < \infty$.
- $\text{card}(M) = 0 \Leftrightarrow M = \{\,\}$ (leere Menge, alternatives Symbol: $\emptyset$) ▲

Kommen wir nun zum allgemeinen Aufbau einer Menge. Es gibt grundsätzlich zwei Arten, Mengen aufzuschreiben, nämlich die aufzählende und die beschreibende Darstellung.

In der **aufzählenden Darstellung** werden die Elemente alle hintereinander aufgeschrieben. Hierbei ist zu beachten, dass die Reihenfolge an sich zwar keine Rolle spielt, man aber üblicherweise aufsteigend sortiert (ggf. alphabetisch). In einer Menge kommen keine Elemente doppelt vor.

Beispiel:

$$\{3, -9, 3, 3, 1\} = \{1, 3, -9\} = \{-9, 1, 3\}$$

Hier würde man die letzte Schreibweise präferieren. ▲

Ist das Muster offensichtlich, so kann man auch eine große oder gar unendliche Menge durch die „Pünktchenschreibweise“ aufzählend darstellen. Insbesondere bei sehr einfachen Aufzählungen ist dies üblich.

Beispiel:
Hier je ein Beispiel für eine endliche und eine unendliche Menge:

$$\{1,2,3,\ldots,42\} \quad \text{und} \quad \{2,4,6,8,10,\ldots\}$$ ▲

Oft ist es nicht sinnvoll oder gar möglich, alle Elemente konkret aufzuschreiben, dann brauchen wir die **beschreibende Darstellung**. In Bild 1.5 wird der typische Aufbau an einem Beispiel zusammengefasst.

Was betrachte ich? — Welche Eigenschaften sollen erfüllt sein?

$$\{ x \in \mathbb{R} \mid x \leq 3,\ x > -2 \}$$

Bild 1.5 Aufbau einer Menge in beschreibender Darstellung

Schauen wir uns dies nun genauer an.

Beispiel:

$$M := \{x \in \mathbb{R} \mid x \leq 3, x > -2\}$$

Lies: „M ist definiert als die Menge aller x aus $\mathbb{R}$ mit der Eigenschaft, dass $x \leq 3$ und $x > -2$ sein muss." Anders gesagt sind damit alle reellen Zahlen gemeint, die zwischen -2 und 3 (ohne -2, mit 3) liegen.
Alternative Schreibweisen für diese Menge wären auch:

$$M = \{x \in \mathbb{R}:\ x \leq 3,\ x > -2\} \quad \text{oder} \quad M = \{x \mid x \in \mathbb{R} \wedge x \leq 3 \wedge x > -2\}.$$ ▲

Anmerkung:
Mengen müssen nicht unbedingt Zahlen enthalten. Man kann beispielsweise auch die Menge der Menschen, mit denen man befreundet ist, aufschreiben:

{Stefan, Gina, Andy,...} oder $\{m \in \text{Menschen} \mid \text{Ich bin befreundet mit } m\}$ ▲

Verständnisfrage 5

a) Wahr oder falsch? Bitte begründen Sie (ggf. mit einem Gegenbeispiel).
   - $\text{card}(\{-5,-4,0,4,42\}) = 4$
   - Zwei Mengen sind genau dann identisch, wenn sie dieselbe Kardinalität haben.
   - $\text{card}(\{n \in \mathbb{N}_0 \mid n^2 \leq 49\}) = 8$

b) Schreiben Sie die Menge B aller Bücher (Romane), die Sie besitzen, einmal in aufzählender (ggf. irgendwann mit Pünktchen) und einmal in beschreibender Darstellung auf.

■

1.3.2 Mengenoperationen

Es seien im Folgenden A, B, C drei beliebige Mengen. Wir wollen uns ansehen, wie man die Beziehungen von Mengen beschreiben kann und was der Schnitt bzw. die Vereinigung von Mengen ist.

- **Teilmenge:** $A \subseteq B \Leftrightarrow \forall a \in A:\ a \in B$, lies: „$A$ ist Teilmenge von B."

A ist also genau dann Teilmenge von B, wenn jedes Element aus A auch in B liegt. Manchmal bezeichnet man B dann auch als Obermenge (für A).

Das Symbol $\subseteq$ erlaubt auch die Gleichheit der Mengen (also $A = B$). Dies verhält sich ähnlich wie bei der Ordnungsrelation $\leq$.

Beispiel:

$$\{1,2\} \subseteq \{1,2,3\} \subseteq \mathbb{N}$$ ▲

Die typische Visualisierung bei Mengen ist das sogenannte **Venn-Diagramm**. Hierbei steht ein Kreis für eine Menge und man markiert den Bereich, der gemeint ist. In Bild 1.6 wird die Teilmengenbeziehung visualisiert.

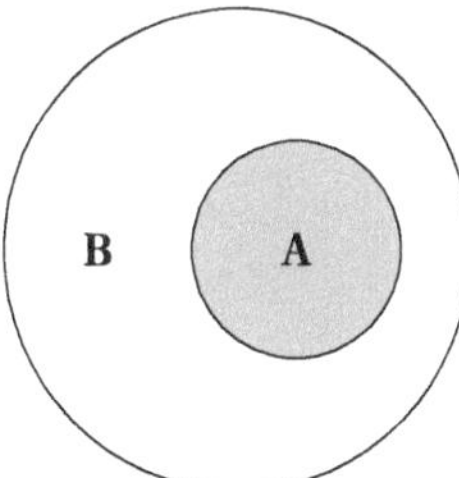

Bild 1.6 Venn-Diagramm zur Teilmengenbeziehung $A \subseteq B$

Will man die Gleichheit zweier Mengen, also $A = B$, beweisen, so muss man zeigen, dass sowohl $A \subseteq B$ als auch $B \subseteq A$ gelten. Dies nennt man einen doppelten Inklusionsbeweis. Will man nur zeigen, dass eine Menge in einer anderen enthalten ist, so genügt ein einfacher (anstatt doppelter) Inklusionsbeweis. Einen solchen wollen wir uns nun ansehen.

Behauptung: Alle Primzahlen echt größer 2 sind ungerade. In Mengenschreibweise lässt sich dies so formulieren:

$$A := \{p \in \mathbb{N} \mid p \text{ prim}, \; p > 2\} \subseteq B := \{n \in \mathbb{N} \mid n \text{ ungerade}\}$$

Um dies beweisen zu können, müssen wir uns zunächst daran erinnern, was Primzahlen sind und wie man die Aussage „n ist ungerade“ aussagenlogisch so formuliert, dass man damit arbeiten kann.
Primzahlen sind natürliche Zahlen, die genau zwei verschiedene Teiler haben (nämlich 1 und sich selbst). Die ersten vier (der unendlich vielen) Primzahlen sind 2, 3, 5, 7.
Eine natürliche Zahl heißt „ungerade“, wenn sie nicht durch 2 teilbar ist. Es gibt noch andere Arten, dies zu formulieren[4], aber diese genügt für uns im Moment. Wir können nun den Beweis[5] führen.

Beweis. Man nehme ein beliebiges $p \in A$, d. h. p ist eine Primzahl und echt größer 2 (mehr wissen wir nicht darüber). Da p prim und zudem echt größer 2 ist, kann es aber nur durch 1 und sich selbst ($\neq 2$) geteilt werden, also insbesondere nicht durch 2. Damit ist p ungerade,

4 Zum Beispiel: $n \in \mathbb{N}$ ist genau dann ungerade, wenn eine Zahl $m \in \mathbb{N}$ existiert, sodass $n = 2m - 1$.

5 Ein mathematischer Beweis wird meist durch q.e.d. (quod erat demonstrandum, lateinisch für „was zu beweisen war“) abgeschlossen. Es gibt auch andere Symbole für das Beweisende, auf die wir hier aber nicht weiter eingehen.

also ist $p \in B$, was wir zeigen wollten. Da das p ein beliebiges Element der Menge A war, ist die Inklusion $A \subseteq B$ bewiesen, denn wir konnten zeigen, dass jedes beliebige $p \in A$ auch in B enthalten ist. *q.e.d*

Wir wollen hier anmerken, dass die andere Richtung, also $B \subseteq A$, natürlich keinen Sinn ergibt, da nicht jede ungerade Zahl eine Primzahl ist. Hier genügt ein Gegenbeispiel wie z. B. $n = 15$ (ungerade, aber keine Primzahl, da $3 \cdot 5 = 15$ gilt). Daher ist auch klar, dass $A \neq B$ und A nur eine Teilmenge von B ist.

- **Schnitt:** $A \cap B := \{x \mid x \in A \wedge x \in B\}$. Lies: „$A$ geschnitten B."

Im Schnitt sind alle Elemente enthalten, die in A *und* auch gleichzeitig in B liegen. Das Symbol ($\cap$) ist passenderweise eine abgerundete Variante des Und-Symbols ($\wedge$).
Beim Schnitt von Mengen wird im Venn-Diagramm nur das markiert, was sie gemeinsam haben (vgl. Bild 1.7).

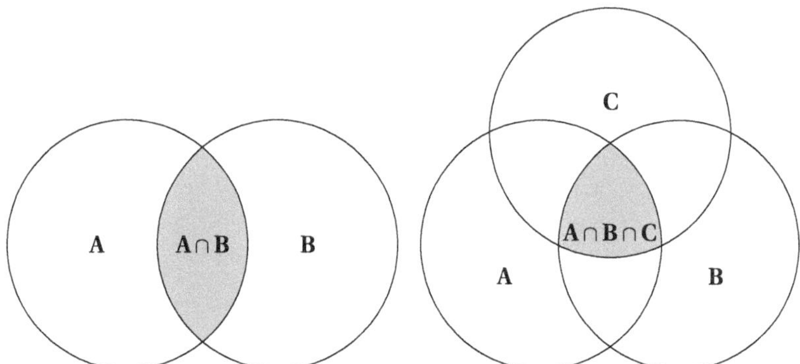

Bild 1.7 Venn-Diagramm zum Schnitt von zwei Mengen (links) bzw. drei Mengen (rechts)

Ist der Schnitt von zwei (oder mehr) Mengen leer, so nennt man sie **disjunkt**. Wenn man eine Menge in disjunkte (nicht-leere) Teilmengen aufteilt, die die gesamte Menge überdecken, so spricht man von einer **Partitionierung**. Dies kennen Sie vermutlich von Ihrer Festplatte: Die Laufwerke (wie z. B. C und D) sind sogenannte Partitionen. Hier will man, dass jeder Teil der Festplatte entweder zu C oder zu D gehört. Wären sie nicht disjunkt, so könnte es leicht passieren, dass man Daten überschreibt.

Beispiel:
Die Mengen $A = \{1,3,5\}$ und $B = \{1,2,4\}$ sind nicht disjunkt, denn ihr Schnitt ist nicht leer:

$$\{1,3,5\} \cap \{1,2,4\} = \{1\}$$

Würde in der Menge B die 1 fehlen, so wären die Mengen disjunkt:

$$\{1,3,5\} \cap \{2,4\} = \{\,\}$$

▲

- **Vereinigung:** $A \cup B := \{x \mid x \in A \vee x \in B\}$. Lies: „$A$ vereinigt mit B".

In der Vereinigung (siehe Bild 1.8) liegen Elemente, die in A oder B liegen (Achtung: logisches „Oder", also nicht-ausschließend!). Umgangssprachlich würde man sagen, dass in der Vereinigung alle Elemente aus A und B enthalten sind. Dies kann aber zu Verwirrung führen, weil das logische „Und" zum Schnitt führt (siehe oben). Bitte machen Sie sich den Unterschied klar. Das Symbol ($\cup$) ist eine abgerundete Variante des Oder-Symbols ($\vee$).

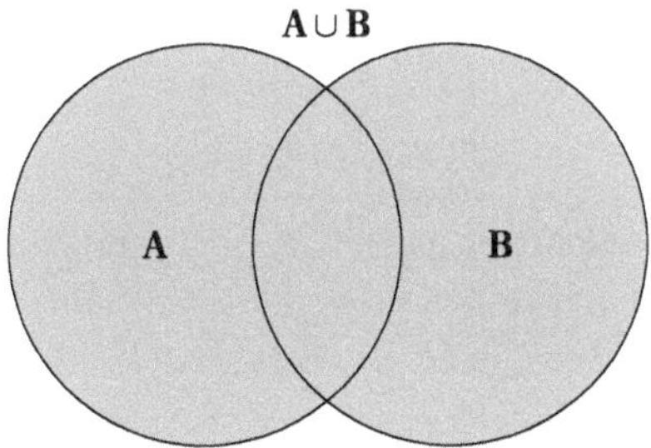

Bild 1.8 Venn-Diagramm zur Vereinigung von zwei Mengen

Beispiel:

$$\{1,3,5\} \cup \{1,2,4\} = \{1,2,3,4,5\}$$ ▲

- **Differenz:** $A \setminus B := \{x \mid x \in A \wedge x \notin B\}$. Lies: „$A$ ohne B."

In der Differenz sind nur die Elemente enthalten, die in A, aber nicht in B liegen (vgl. Bild 1.9).

Beispiel:

$$\{1,3,5\} \setminus \{1,2,4\} = \{3,5\}$$ ▲

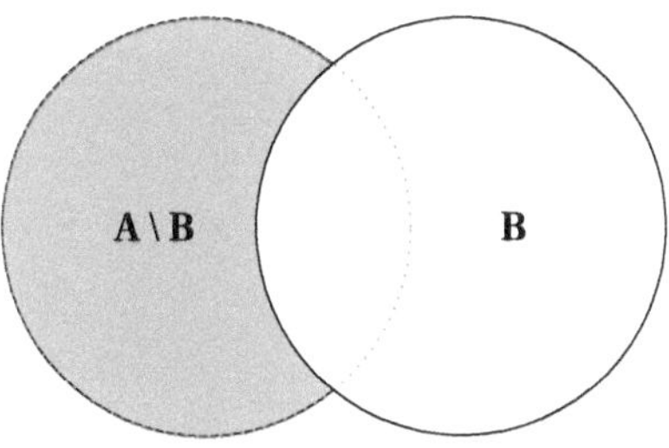

Bild 1.9 Venn-Diagramm zur Differenz von zwei Mengen

Verständnisfrage 6

a) Bestimmen Sie die Kardinalität von

$$\left(\left(\{-7,0,2,\pi\} \cup \{\pm\sqrt{2}\}\right) \cap \{0,1,\sqrt{2}\}\right) \setminus \{0\}.$$

b) Was gilt für die Differenz $A \setminus B$ in den beiden folgenden Fällen:
   i) $A \subseteq B$
   ii) A und B sind disjunkt

■

1.3.3 Intervalle

Intervalle sind abkürzende Schreibweisen für zusammenhängende (nicht leere) Teilmengen in $\mathbb{R}$:

$[a, b] = \{x \in \mathbb{R} \mid a \leq x \leq b\}$ (geschlossenes Intervall)

$]a, b] = \{x \in \mathbb{R} \mid a < x \leq b\}$ (halboffenes Intervall)

$[a, b[= \{x \in \mathbb{R} \mid a \leq x < b\}$ (halboffenes Intervall)

$]a, b[= \{x \in \mathbb{R} \mid a < x < b\}$ (offenes Intervall)

Manchmal werden offene Seiten des Intervalls durch runde Klammern markiert. So sieht man mitunter, dass (a, b) statt $]a, b[$ geschrieben wird, was jedoch zu Verwechslungen (z. B. mit Koordinaten) führen kann, weshalb wir die eckigen Klammern bevorzugen.

Beispiele:
Im Intervall $[-2, 3[$ befinden sich alle reelle Zahlen zwischen -2 und 3, wobei die -2 zu der Menge dazu gehört, die 3 jedoch nicht (vgl. Bild 1.10).

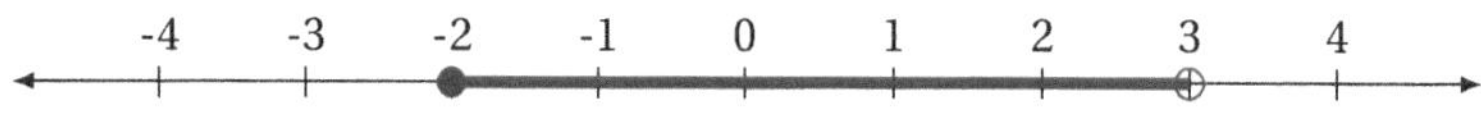

Bild 1.10 Visualisierung des Intervalls $[-2, 3[$ auf einer Zahlengerade

Im Intervall $]-\infty, 0]$ befinden sich alle negativen Zahlen inklusive der Null (vgl. Bild 1.11).

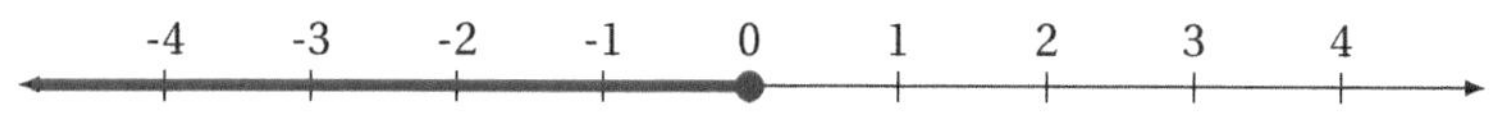

Bild 1.11 Visualisierung des Intervalls $]-\infty, 0]$ auf einer Zahlengerade ▲

Verständnisfrage 7
Lassen sich die folgenden Mengen auch als ein Intervall schreiben?

a) $\{x \in \mathbb{R} \mid 3 \leq x \land x \geq -2\}$
b) $\{x \in \mathbb{R} \mid 3 \leq x \land x \leq -2\}$

■

1.4 Präsenzaufgaben

Bearbeiten Sie die folgenden Aufgaben möglichst allein oder bei Schwierigkeiten in Kleingruppen. Zögern Sie nicht, den Tutor oder die Tutorin um Hilfe zu bitten. Aufgaben, die Sie nicht alleine lösen konnten oder die aus Zeitmangel nicht beachtet wurden (z. B. die Zusatzaufgaben), sollten Sie zu Hause nacharbeiten. Zusatzaufgaben sind während der Tutorien für diejenigen gedacht, die schneller fertig sind. Bitte benutzen Sie keine Hilfsmittel wie Taschenrechner o. ä., sofern die Aufgabe dies nicht explizit erlaubt. Rechnen Sie stets mit Brüchen, um Ihre Bruchrechenfähigkeiten zu trainieren.

Aufgabe 1 (Zahlbereiche)

Geben Sie, falls möglich, ein Element mit der angegebenen Eigenschaft an (z. B. wäre $x = 5$ ein Beispiel für die Eigenschaft $x \in \mathbb{N}$).

a) $x \in \mathbb{Q} \setminus \mathbb{Z}$

b) $x \in \mathbb{Q} \setminus \mathbb{N}$

c) $x \in \mathbb{I}_{<0}$

d) (Zusatz) $x \in \mathbb{R} \setminus \mathbb{Q}$

e) (Zusatz) $x \in \mathbb{Q} \cap \mathbb{I}$

Aufgabe 2 (Klammern auflösen)

Multiplizieren Sie vollständig aus und vereinfachen Sie so weit wie möglich.

a) $5(x-y)-3(-y-z)+2(-z+1)$

b) $(x+y)(x-y)-\left(x^2+y^2\right)$

c) $-3(2x-3y+z)(-x-2z)$

d) (Zusatz) $t(x-p)(ky-qz)+pqtz-ktxy$

Aufgabe 3 (Ausklammern)

Klammern Sie den gegebenen Ausdruck aus dem Term aus.

a) $-\frac{3}{2}x^3-2x^2+\pi x$, Ausklammern: x

b) $\frac{2x^2+3x-1}{3x^2+5}$, Ausklammern (jeweils im Zähler und im Nenner): x^2

c) (Zusatz) $3e^x-\sin(x)e^x+\sqrt{xe^{3x}}$, Ausklammern: e^x

Aufgabe 4 (Faktorisierung)

Faktorisieren Sie den Ausdruck, d. h. bringen Sie ihn in eine Form der Art $(\ldots)\cdot(\ldots)\cdot(\ldots)\cdot\ldots$.

a) $2(a-b)+3x(b-a)+5b-5a$

b) $2a\left(\frac{x}{2}-y\right)+b(4y-2x)+3c(x-2y)$

c) (Zusatz) $3ay+2(xa-xb)-3by$

Aufgabe 5 (Bruchrechnung)

Fassen Sie die Ausdrücke zu einem Bruch zusammen und vereinfachen bzw. kürzen Sie diesen soweit wie möglich.

a) $\frac{1}{2}-\frac{2}{5}+\frac{2}{3}+\frac{5}{6}-\frac{7}{15}$

b) $\frac{7a+14b}{6b+3a}$

c) $\frac{2a}{3b}-\frac{3b}{2a}+\frac{2a}{5b}+\frac{3b}{10a}$

d) $\left(\frac{a+b-c}{c-b-a}\right)^{222}$

e) $\frac{\frac{2x-6y}{x+xy}}{\frac{x-3y}{4x(y+1)}}$

f) (Zusatz) $\dfrac{3(x-1)(x+2)}{x^2+x-2}$

g) (Zusatz) $\dfrac{2}{x-1}+\dfrac{x}{x+2}-\dfrac{x^2+2}{x^2+x-2}$

Aufgabe 6 (Aussagen und Symbole)
Drücken Sie die nachfolgenden Sätze als aussagenlogische Formeln aus.

a) Wenn x ein Element der ganzen Zahlen ist, so ist x^2 ein Element der natürlichen Zahlen (mit Null).

b) $\frac{a}{b}$ ist genau dann gleich Null, wenn a gleich Null ist.

c) x sei aus den rationalen Zahlen und y sei aus den reellen Zahlen ohne die Null.

d) (Zusatz) Es ist x^2 genau dann gleich 16, wenn x gleich 4 oder gleich −4 ist.

e) (Zusatz) x ist genau dann irrational, wenn es reell, aber nicht rational ist.

Aufgabe 7 (Quantoren Teil I)
Entscheiden und begründen Sie, welche Aussagen Sinn ergeben. Es seien hier S die Menge der Studierenden an Ihrer Hochschule und M die Menge aller hier möglichen Matrikelnummern.

a) $\forall s \in S\ \exists m \in M$: m ist Matrikelnummer von s.

b) $\exists s \in S\ \forall m \in M$: m ist Matrikelnummer von s

c) (Zusatz) $\exists m \in M\ \forall s \in S$: m ist Matrikelnummer von s

d) (Zusatz) $\exists m \in M\ \exists s \in S$: m ist Matrikelnummer von s

Aufgabe 8 (Quantoren Teil II)
Schreiben Sie folgende Aussagen in Quantorenschreibweise. Machen Sie sich auch Gedanken zu der Bedeutung dieser Aussagen. Sind sie wahr?

a) Für alle rationalen Zahlen gibt es eine natürliche Zahl, sodass deren Produkt eine ganze Zahl ist.

b) Es gibt genau eine ganze Zahl, sodass für alle reellen Zahlen gilt, dass die reelle Zahl hoch der ganzen Zahl gleich Eins ist.

Aufgabe 9 (Mengen verstehen)
Beschreiben Sie die folgenden Mengen entweder durch konkrete Angaben aller Elemente (z. B. $M=\{1,3,5\}$) oder, falls dies nicht möglich ist, in eigenen Worten. Geben Sie weiterhin zu jeder Menge ihre Kardinalität an sowie ein Beispiel für ein Element aus der Menge und ein Element, das nicht zu dieser Menge gehört (z. B. $\operatorname{card}(M)=3$, $5\in M$, $4\notin M$).

a) $A:=\{x\in\mathbb{N}_0 \mid x+5<9\}$

b) $B:=\left\{x\in\mathbb{Z} \mid \exists n\in\mathbb{N}: x=n^2\right\}$

c) (Zusatz) $C:=\{x\in\mathbb{N} \mid \exists n\in\mathbb{N}: x=2n+1, x\,\mathrm{prim}, x\le 21\}$

Aufgabe 10 (Venn-Diagramme und Kardinalität)
Es seien A, B und C endliche Mengen. Stellen Sie die folgenden Ausdrücke als Venn-Diagramm dar und geben Sie zudem bei den ersten beiden Teilaufgaben die Kardinalität in Abhängigkeit der Kardinalität von A, B und C (bzw. den Schnitten derer) an.

a) $A \cup B$, $\text{card}(A \cup B) = ?$

b) (Zusatz) $A \cup B \cup C$, $\text{card}(A \cup B \cup C) = ?$

c) $(A \setminus B) \cup C$

d) $(A \cap B) \setminus C$

Aufgabe 11 (Intervalle)
Schreiben Sie folgende Mengen als Intervalle bzw. als Vereinigung von Intervallen. Markieren Sie zudem jeweils den entsprechenden Bereich auf einer Zahlengerade.

a) $\{x \in \mathbb{R} \mid -2 < x \leq 5\}$

b) $\{x \in \mathbb{R} \mid x \geq 2\}$

c) $\{x \in \mathbb{R} \mid x \leq 0 \vee x > 1\}$

d) (Zusatz) $\{x \in \mathbb{R} \mid -4 < x < -2 \vee x \geq 2\}$

e) (Zusatz) $\{x \in \mathbb{R} \mid x \notin [-2, 3[\}$

Zusatzaufgabe 12 (Potenzmenge)
Es sei M eine endliche Menge, so nennen wir $\mathbb{P}(M)$ die Potenzmenge von M. Sie enthält alle Teilmengen von M (einschließlich der leeren Menge und der Menge selbst). Bestimmen Sie jeweils die Potenzmenge der folgenden Mengen, sowie die Kardinalität der Potenzmenge. Äußern Sie am Ende eine Vermutung darüber, wie man $\text{card}(\mathbb{P}(M))$ leicht berechnen kann, wenn $\text{card}(M) = n$ bekannt ist.

a) $M_1 := \{\text{Apfel, Birne}\}$

b) $M_2 := \{1, 2, 3\}$

c) $M_3 := \emptyset$

d) $M_4 := \{a, b, c, d\}$

Zusatzaufgabe 13 (Total logisch)
Welche Antwort(en) aus der folgenden Liste an Antworten ist eine richtige Antwort auf diese Frage?

1. Alle hier drunter (sind richtige Antworten).
2. Keine hier drunter.
3. Alle hier drüber.
4. Eine hier drüber.
5. Keine hier drüber.
6. Keine hier drüber.

Die letzten beiden Antworten sind absichtlich identisch. ■

1.5 Übersicht

Diese Übersicht dient zum schnellen Nachschlagen (z. B. in den Tutorien). Es empfiehlt sich, Lernhilfen und Übersichten selbst anzufertigen, da dies den Lernprozess unterstützt.

Zahlbereiche

- $\mathbb{N} = \{1, 2, 3, \ldots\}$ (natürliche Zahlen)
- $\mathbb{Z} = \{0, \pm 1, \pm 2, \pm 3, \ldots\}$ (ganze Zahlen)
- $\mathbb{Q} = \left\{\frac{m}{n} \mid m \in \mathbb{Z},\ n \in \mathbb{N}\right\}$ (rationale Zahlen, Brüche)
- $\mathbb{I} = \left\{\pm\pi, \pm e, \pm\sqrt{2} \ldots\right\}$ (irrationale Zahlen, d. h. nicht als Bruch darstellbar)
- $\mathbb{R}$ reelle Zahlen ($\mathbb{Q} \cup \mathbb{I}$, „alle Zahlen“)

Bruchrechnung

- Bruch erweitern: $\frac{a}{b} = \frac{a \cdot c}{b \cdot c}$
- Addition und Subtraktion: $\frac{a}{b} \pm \frac{c}{d} = \frac{ad \pm cb}{bd}$
- Sind die Nenner gleich, so kann man direkt addieren bzw. subtrahieren: $\frac{a}{c} \pm \frac{b}{c} = \frac{a \pm b}{c}$
- Multiplizieren: Zähler mal Zähler, Nenner mal Nenner, also $\frac{a}{b} \cdot \frac{c}{d} = \frac{ac}{bd}$
- Beim Dividieren bzw. bei Doppelbrüchen den Kehrwert des Nenners an den Zähler multiplizieren: $\frac{\frac{a}{b}}{\frac{c}{d}} = \frac{a}{b} \cdot \frac{d}{c}$
- Beachte $a^{-1} = \frac{1}{a}$ bzw. $\left(\frac{a}{b}\right)^{-1} = \frac{b}{a}$

Distributivgesetz

$$a(b + c) = ab + ac$$

Von links gesehen wird „ausmultipliziert“, von rechts gesehen wird a „ausgeklammert“.

Mathematische und aussagenlogische Symbole

- $x \in \mathbb{R}$ lies: „x ist Element der reellen Zahlen“ (analog $x \notin \mathbb{R}$ für „ist kein Element“)
- $A \Rightarrow B$ (Implikation) lies: „Wenn A, dann B“
- $A \Leftrightarrow B$ (Äquivalenz) lies: „A genau dann, wenn B.“
- $A \wedge B$ (Konjunktion) lies: „A und B“
- $A \vee B$ (Disjunktion) lies: „A oder B“ (nicht-ausschließendes Oder)
- $\neg A$ (Negation) lies: „Es gilt nicht A“.
- $M := X$ (Definition) lies: „Definiere M als X“

- $x < y$ bzw. $x \leq y$ lies: „x echt kleiner (bzw. kleiner-gleich) y“.
  Analog: $>, \geq$ für „echt größer“ und „größer gleich“.
- Existenzquantor $\exists$, lies „es gibt (min.) ein... “
- Allquantor $\forall$, lies „für alle... gilt... “

Mengen und Intervalle

Zur Schreibweise von Mengen siehe entsprechenden Abschnitt.

- Die Kardinalität ist die Anzahl der Elemente in einer Menge (z. B. $\text{card}(\{9, \pi\}) = 2$).
- Teilmenge: $A \subseteq B \Leftrightarrow \forall a \in A : a \in B$, lies: „A ist Teilmenge von B.“
- Schnitt: $A \cap B = \{x \mid x \in A \wedge x \in B\}$. Lies: „A geschnitten B.“ („was sie gemeinsam haben“).
- Vereinigung: $A \cup B = \{x \mid x \in A \vee x \in B\}$. Lies: „A vereinigt mit B“ (also „alles zusammen“).
- Differenz: $A \setminus B = \{x \mid x \in A \wedge x \notin B\}$. Lies: „A ohne B.“
- Intervalle: z. B. $]a, b] = \{x \in \mathbb{R} \mid a < x \leq b\}$ („alles zwischen a und b, inkl. b aber ohne a“).

1.6 Lösungen zu den Verständnisfragen

(1) Zahlbereiche

(a) Ordnen Sie die Zahlbereiche $\mathbb{N}, \mathbb{Z}, \mathbb{Q}, \mathbb{I}, \mathbb{R}$ passend zu.

- Arbeitslosenquote: $\mathbb{Q}$, da Quote bzw. Prozent ein Anteil ist
- Sterne zählen: $\mathbb{N}$
- Zeit: $\mathbb{R}$ (bzw. $\mathbb{R}_{\geq 0}$), da Zeit (theoretisch) stetig ist[6]
- Kreisumfang: Da $U = 2r\pi$, folgt mit $r = 1$, dass $U = 2\pi \in \mathbb{I}$ ist.
- Gewinn/Verlust im Casino: $\mathbb{Z}$, da man meist nur ganzzahlig gewinnen oder verlieren kann

(b) $\mathbb{I}$ ist nicht abgeschlossen bezüglich der Multiplikation, denn z. B. $\sqrt{2} \cdot \sqrt{2} = 2 \notin \mathbb{I}$

(2) Bruchrechnung

(a)

$$\frac{2}{3} = \frac{8}{12} = \frac{2 \cdot 4}{2 \cdot 6} \overset{*}{=} \frac{2}{2} + \frac{4}{6} = 1 + \frac{2}{3}$$

Die dritte Umformung (hier mit $*$ markiert) ist falsch, denn es müsste $\frac{2}{2} \cdot \frac{4}{6}$ sein.

(b) Gegeben ist:

$$\frac{1}{R_{\text{gesamt}}} = \frac{1}{R_1} + \frac{1}{R_2}$$

6 Ein tatsächlich reales Beispiel für $\mathbb{R}$ (bzw. Überabzählbarkeit) gibt es nicht, dies würde hier jedoch zu weit führen und ist zudem nicht praxisrelevant.

Wir bringen die Brüche auf einen gemeinsamen Nenner:

$$\frac{1}{R_1} + \frac{1}{R_2} = \frac{R_2}{R_1 R_2} + \frac{R_1}{R_1 R_2} = \frac{R_1 + R_2}{R_1 R_2}$$

Kehrwertbildung führt nun zu der gesuchten Formel:

$$R_{\text{gesamt}} = \frac{R_1 R_2}{R_1 + R_2}$$

(3) Distributivgesetz

(a) $5(x+2y) - 8z(-x-2y) = 5(x+2y) + 8z(x+2y) = (5+8z)(x+2y)$

(b) Dies wäre gleichbedeutend mit Teilen durch Null und auch generell keine nützliche Umformung.

(4) Mathematische und aussagenlogische Symbole

(a) Zum leichteren Nachvollziehen werden die Elementaraussagen hier in dieser Lösung auch in lesbarer Form angegeben. Anna anrufen ∧ Bernd Geld zurückholen. $(A \wedge B)$
Bernd leiht Geld ⇔ Bernd reagiert nicht mehr. $(C \Leftrightarrow D)$[7]
Akku defekt ∨ Klingeln überhört. $(E \vee F)$
Ausrede ⇒ Stress. $(G \Rightarrow H)$
∃ Gelegenheit.[8]
Geld zurück ∨ hinterher rennen. $(I \vee J)$
Merke: Mit Ja auf eine Oder-Frage zu antworten, ist wenig hilfreich.

(b) Der Satz ergibt $\forall m \in M \, \exists k \in K:$ k ist Kind von m.
Tauschen wir die Quantoren, so erhalten wir $\exists m \in M \, \forall k \in K:$ k ist Kind von m. Dies würde aber bedeuten, dass es eine Frau gibt, die die Mutter aller Kinder ist.

(c) Wahr, denn $y = \frac{1}{x}$ erfüllt die Aussage immer. So ist z. B. $-3 \cdot (-\frac{1}{3}) = 1$.

(5) Mengenlehre – Schreibweise und Aufbau

(a) Wahr oder falsch?

- Falsch, es sind fünf (und nicht nur vier) Elemente.
- Während die eine Richtung der Äquivalenz stimmt (sind zwei Mengen identisch, so sind ihre Kardinalitäten gleich), ist die andere Richtung falsch. So haben beispielsweise die beiden Mengen $\{7, 12\}$ und $\{-3, 8\}$ dieselbe Kardinalität, aber identisch sind sie nicht.
- Richtig, denn $\{n \in \mathbb{N}_0 \mid n^2 \leq 49\} = \{0,1,2,3,4,5,6,7\}$ und wir zählen insgesamt 8 Elemente.

(b) $B = \{$Herr der Ringe, Harry Potter, Die Känguru Chroniken, …$\}$ bzw.
$B = \{b \in$ Bücher $\mid b$ gehört mir$\}$.

---

[7] Man könnte „Er reagiert auf keine Nachricht" auch als All-Aussage ansehen (Für alle Nachrichten gilt: Er reagiert darauf nicht).

[8] Dies rein als Formel darzustellen wäre umständlicher. Man könnte die Aussage umformulieren zu „Es gibt einen Zeitpunkt t aus der Menge aller Zeitpunkte T, an dem Tobias Bernd zur Rede stellen kann.", also $\exists t \in T:$ Tobias kann zum Zeitpunkt t Bernd zur Rede stellen. In dieser Aufgabe ging es jedoch nur darum, zu erkennen, dass eine Existenzaussage vorliegt.

(6) Mengenlehre – Mengenoperationen

(a) Die Kardinalität ist 1, denn die Menge enthält nur ein Element:

$$\left(\left(\{-7,0,2,\pi\}\cup\{\pm\sqrt{2}\}\right)\cap\{0,1,\sqrt{2}\}\right)\setminus\{0\} = \left(\{-7,-\sqrt{2},0,\sqrt{2},2,\pi\}\cap\{0,1,\sqrt{2}\}\right)\setminus\{0\}$$
$$= \{0,\sqrt{2}\}\setminus\{0\} = \{\sqrt{2}\}$$

(b) i) Ist $A \subseteq B$, so liegt A in B. Das Entfernen von B führt folglich zur leeren Menge.
ii) Sind A und B disjunkt, so ändert das Entfernen von B nichts. Also ist hier $A\setminus B = A$.

(7) Mengenlehre – Intervalle

(a) Ja, denn:

$$\{x \in \mathbb{R} \mid 3 \le x \wedge x \ge -2\} = \{x \in \mathbb{R} \mid x \ge 3\} = [3,\infty[$$

(b) Nein, denn die leere Menge ist kein Intervall.

$$\{x \in \mathbb{R} \mid 3 \le x \wedge x \le -2\} = \{x \in \mathbb{R} \mid x \ge 3 \wedge x \le -2\} = \{\,\}$$

2 Summen-, Produktzeichen & Gleichungen

Das Summenzeichen ist im Allgemeinen aus der Schule nicht bekannt, während der Umgang mit linearen und quadratischen Gleichungen meist besser beherrscht wird. Wir setzen unseren Fokus daher insbesondere auf die Summen.

2.1 Summen- und Produktzeichen

Summen (und Produkte) finden sich in vielen Formeln. Bereits in den ersten Semestern behandelt man in der Statik Gleichgewichtsbedingungen, in der Elektrotechnik die Gesamtkapazität C bei Parallelschaltung von Kondensatoren oder die Markt-Konzentration (Herfindahl-Index) H in der BWL – um nur ein paar wenige Beispiele zu nennen:

$$\sum_{i=1}^{n} F_{ix} = 0 \qquad C = \sum_{k=1}^{n} C_k \qquad H = \sum_{j=1}^{n} \left(\frac{y_i}{Y}\right)^2$$

2.1.1 Aufbau und Schreibweise

Das **Summenzeichen** ist letztlich nur eine abkürzende Schreibweise, die jedoch sehr nützlich ist und sich daher bewährt hat. Die Idee besteht darin, dass man eine lange (ggf. sogar unendliche) Reihe von Additionen kompakt zusammenfasst. Ein klassisches Beispiel ist der Mittelwert (das arithmetische Mittel) einer Stichprobe. Nehmen wir an, Sie haben $N = 100$ Personen nach ihrem Alter gefragt und wollen nun den Mittelwert davon ausrechnen, so müssen Sie die Werte zunächst addieren und anschließend durch ihre Anzahl (hier 100) teilen. Das könnte so aussehen:

$$\frac{1}{100}(18 + 22 + 27 + 19 + 25 + 32 + \ldots)$$

Bereits hier hören wir schnell auf, alle Zahlen aufzuschreiben (...). Liegen die Altersangaben als Messwerte x_i (für $i = 1, \ldots, 100$) vor, so lässt sich der Mittelwert kompakt schreiben als:

$$\bar{x} = \frac{1}{100}\sum_{i=1}^{100} x_i = \frac{1}{100}(x_1 + x_2 + \ldots + x_{100})$$

Bevor wir Summen verstehen lernen, wollen wir sie zunächst überhaupt lesen können. Das Summen-Symbol ist ein großes Sigma (griechischer Buchstabe), was einfach für S wie Summe steht. Wir lesen den Ausdruck aus Bild 2.1 wie folgt: Die Summe von i gleich 1 bis 99 über $2i^2+3$.

$$\underset{\text{Sigma}}{} \sum_{\substack{i=1\\ \text{Startwert}}}^{\substack{\text{Endwert}\\ 99}} \left(2i^2+3\right)$$

Laufindex $i=1$, Summationsausdruck $\left(2i^2+3\right)$

Bild 2.1 Das Summenzeichen

Eine **Summe** lässt sich wie folgt ausrechnen bzw. ausschreiben:

$$\sum_{i=1}^{n} A(i) = A(1) + A(2) + A(3) + \ldots + A(n)$$

Im Beispiel in Bild 2.1 ist $A(i) = 2i^2 + 3$. Man setzt also nach und nach für den **Laufindex** (hier i) die ganzen Zahlen vom **Startwert** (hier $i = 1$) bis zum **Endwert** (hier $i = 99$) in den **Summationsausdruck** (hier $2i^2 + 3$) ein und verbindet die Ausdrücke durch Addition:

$$\sum_{i=1}^{99}\left(2i^2+3\right) = \underbrace{\left(2\cdot\mathbf{1}^2+3\right)}_{i=1} + \underbrace{\left(2\cdot\mathbf{2}^2+3\right)}_{i=2} + \underbrace{\left(2\cdot\mathbf{3}^2+3\right)}_{i=3} + \ldots + \underbrace{\left(2\cdot\mathbf{98}^2+3\right)}_{i=98} + \underbrace{\left(2\cdot\mathbf{99}^2+3\right)}_{i=99}$$

Dies könnte man nun konkret ausrechnen und würde dann das Ergebnis der Summe erhalten, was uns in diesem Beispiel jedoch nicht interessiert.

Das i ist nur ein austauschbarer (wenn auch beliebter) Laufindex. Man kann natürlich auch jeden anderen Buchstaben verwenden:

$$\sum_{i=1}^{5} i^2 = \sum_{k=1}^{5} k^2 = \sum_{t=1}^{5} t^2 = \cdots$$

Beispiele:

$$\sum_{i=1}^{5} i^2 = 1^2 + 2^2 + 3^2 + 4^2 + 5^2 = 55$$

$$\sum_{k=0}^{3} \sqrt{k+2} = \sqrt{0+2} + \sqrt{1+2} + \sqrt{2+2} + \sqrt{3+2} \approx 7.38$$

$$\sum_{t=5}^{8} \frac{e^t}{3t+2} = \frac{e^5}{3\cdot 5+2} + \frac{e^6}{3\cdot 6+2} + \frac{e^7}{3\cdot 7+2} + \frac{e^8}{3\cdot 8+2} \approx 191.23$$ ▲

Ganz ähnlich wird mit Produktzeichen gerechnet. Das große Pi steht für P wie Produkt. Der Unterschied zur Summe besteht darin, dass man die einzelnen Terme nun multipliziert, anstatt sie zu addieren:

$$\prod_{i=0}^{3} 2^i = 2^0 \cdot 2^1 \cdot 2^2 \cdot 2^3$$

Die größere Bedeutung in den Wissenschaften hat meist das Summenzeichen, daher werden wir das Produktzeichen zwar erwähnen, aber häufig unseren Fokus auf den Summen haben.

Bei **Doppelsummen** kann man erst die innere Summe und dann die äußere auswerten – oder andersherum, was an der Gültigkeit des Kommutativgesetzes liegt.

Beispiel:
Wir lösen zunächst die innere und dann die äußere Summe auf:

$$\begin{aligned}\sum_{k=1}^{2}\sum_{i=9}^{11} k^i &= \sum_{k=1}^{2}\left(k^9 + k^{10} + k^{11}\right)\\ &= \left(1^9 + 1^{10} + 1^{11}\right) + \left(2^9 + 2^{10} + 2^{11}\right) = 3587\end{aligned}$$

Andersherum erhalten wir natürlich dasselbe Ergebnis:

$$\begin{aligned}\sum_{k=1}^{2}\sum_{i=9}^{11} k^i &= \sum_{i=9}^{11} 1^i + \sum_{i=9}^{11} 2^i\\ &= \left(1^9 + 1^{10} + 1^{11}\right) + \left(2^9 + 2^{10} + 2^{11}\right) = 3587\end{aligned}$$

Welche Variante man wählt, hängt vom Einzelfall ab und ist manchmal auch nur eine Geschmacksfrage. ▲

Verständnisfrage 8

a) Lesen Sie die Summe laut vor und rechnen Sie sie anschließend aus:

$$\sum_{t=2}^{4}(5-t)^2$$

b) Schreiben Sie als Produkt: $5 \cdot 10 \cdot 15 \cdot 20 \cdot \ldots \cdot 45$. Verwenden Sie als Laufindex den Buchstaben p.

■

2.1.2 Wichtige Formeln und Notationen

Wie wir bereits bemerkt haben, kann es sehr aufwändig sein, eine lange Summe konkret auszurechnen. Zu manchen Summen, die immer wieder in Rechnungen und Herleitungen auftauchen, konnte man Formeln herleiten, die die Berechnung drastisch vereinfachen. Die wichtigsten Formeln sollten Sie möglichst auswendig oder zumindest schnell identifizieren können, wenn sie Ihnen in komplexeren Rechnungen begegnen.

Kleiner Gauß

Angeblich sollte der junge Gauß in der Schule die Zahlen von 1 bis 100 addieren, doch statt dies Schritt für Schritt auszuführen erkannte er ein Muster: Wenn man die 1 und die 100 addiert, so ergibt das 101. Das gleiche passiert bei 2 und 99, 3 und 98 usw. bis man zu 50 und 51 kommt. Also wird nur 50 mal die 101 addiert (bzw. 100 mal 101 geteilt durch 2). Als allgemeine Formel wird dies folgendermaßen notiert und gemeinhin einfach als **kleiner Gauß** bezeichnet

$$\sum_{i=1}^{n} i = 1+2+3+\ldots+n = \frac{n(n+1)}{2}$$

Beispiel:
Mit dem Schul-Beispiel vom kleinen Gauß, also mit $n = 100$, ergibt sich:

$$\sum_{i=1}^{100} i = 1+2+\cdots+100 = \frac{100\cdot 101}{2} = \frac{10100}{2} = 5050$$

Machen Sie sich bewusst, dass die direkte Addition der 100 Zahlen sehr aufwändig wäre (99 einzelne Additionen), während die Nutzung der Formel nur noch aus einer Addition, einer Multiplikation und einer Division besteht. Der Rechenaufwand wird drastisch reduziert! ▲

Die oben bereits in Worten beschriebene Herleitung der Formel sieht konkret wie folgt aus. Wir addieren die Zahlen von 1 bis n einmal vorwärts und einmal rückwärts. Die Ergebnisse sind natürlich (aufgrund der Kommutativität) identisch. Wir kürzen Sie mit S (für Summe) ab. Addiert man jedoch nun beide Rechnungen, so zeigt sich die Gesetzmäßigkeit:

$$\begin{array}{ccccccccccccc}
 & 1 & + & 2 & + & 3 & + & \ldots & + & (n-1) & + & n & = S \\
+ & n & + & (n-1) & + & (n-2) & + & \ldots & + & 2 & + & 1 & = S \\
\hline
 & (n+1) & + & (n+1) & + & (n+1) & + & \ldots & + & (n+1) & + & (n+1) & = 2S
\end{array}$$

In der unteren Zeile wird links also n mal $(n+1)$ addiert und damit folgt die Formel:

$$2S = n\cdot(n+1) \Leftrightarrow S = \frac{n(n+1)}{2}$$

Fakultät

Eine wichtige Notation ist die **Fakultät**:

$$n! := \prod_{i=1}^{n} i = 1\cdot 2\cdot 3\cdot\ldots\cdot(n-2)\cdot(n-1)\cdot n \quad \text{(lies: n Fakultät)}$$

Beispiele:

$$3! = 1\cdot 2\cdot 3 = 6$$

Das Kürzen von Fakultäten ist oft hilfreich in gewissen Formeln (z. B. beim Binomialkoeffizienten, siehe unten). Hierzu auch ein Beispiel:

$$\frac{5!}{3!} = \frac{1\cdot 2\cdot 3\cdot 4\cdot 5}{1\cdot 2\cdot 3} = 4\cdot 5 = 20$$ ▲

Arithmetisches Mittel

Sind Messwerte $x_1, x_2, x_3, \ldots, x_n \in \mathbb{R}$ gegeben, so berechnet sich das **arithmetische Mittel** (meist einfach Mittelwert genannt) durch:

$$\bar{x} := \frac{1}{n} \sum_{i=1}^{n} x_i$$

Beispiel:
Vier Personen wurden nach ihrem Alter gefragt: $x_1 = 19$, $x_2 = 18$, $x_3 = 21$ und $x_4 = 54$. Der Mittelwert ist somit:

$$\bar{x} = \frac{1}{4} \sum_{i=1}^{4} x_i = \frac{1}{4}(19 + 18 + 21 + 54) = 28$$

Wie Sie vielleicht bemerken, hat der älteste Proband den Mittelwert bereits recht deutlich nach oben verzerrt. Man sagt, der Mittelwert ist nicht robust gegen Ausreißer. Details und Alternativen werden ggf. in einer Statistik-Veranstaltung behandelt. ▲

Geometrische Summenformel

Gerade in den technischen Fächern kommt die **geometrische Summenformel** häufiger vor, aber auch beim Thema Zinseszins spielt sie eine Rolle. Für $q \neq 1$ gilt:[1]

$$\sum_{k=0}^{n} q^k = 1 + q + q^2 + q^3 + \ldots + q^n = \frac{1 - q^{n+1}}{1 - q}$$

Auch diese lässt sich leicht mit einem Trick beweisen. Wir definieren S als die gesuchte Zahl:

$$S := \sum_{k=0}^{n} q^k = 1 + q + q^2 + q^3 + \ldots + q^n$$

Multiplizieren wir die gesamte Gleichung mit q, so erhalten wir:

$$q \cdot S = q + q^2 + q^3 + \ldots + q^n + q^{n+1}$$

Bilden wir die Differenz von S und qS, so ergibt sich

$$S - qS = 1 + q + q^2 + q^3 + \ldots + q^n - \left(q + q^2 + q^3 + \ldots + q^n + q^{n+1}\right) = 1 - q^{n+1}$$

Man kann jedoch durch einfaches Ausklammern auch sehen, dass:

$$S - qS = S \cdot (1 - q)$$

Kombiniert man die Erkenntnisse, so folgt die Formel:

$$S \cdot (1 - q) = 1 - q^{n+1} \Leftrightarrow S = \frac{1 - q^{n+1}}{1 - q}$$

---

1 Man beachte, dass $q^0 = 1$ für alle $q \in \mathbb{R}$ gilt.

Beispiele:
Für $q = \frac{1}{2}$ und $n = 3$ ist:

$$\sum_{k=0}^{3} \left(\frac{1}{2}\right)^k = 1 + \frac{1}{2} + \frac{1}{4} + \frac{1}{8} = \frac{1-\left(\frac{1}{2}\right)^4}{1-\frac{1}{2}} = \frac{1-\frac{1}{16}}{1-\frac{1}{2}} = \frac{\frac{15}{16}}{\frac{1}{2}} = \frac{15}{8}$$

Oder mit $q = 2$ und $n \in \mathbb{N}$ beliebig:

$$\sum_{k=0}^{n} 2^k = \frac{1-2^{n+1}}{1-2} = \frac{1-2^{n+1}}{-1} = 2^{n+1} - 1$$

▲

Die Voraussetzung der geometrischen Summenformel ($q \neq 1$) ist keine besondere Einschränkung, denn für $q = 1$ können wir die Summe auch ohne Formel leicht berechnen:

$$\sum_{k=0}^{n} 1^k = \sum_{k=0}^{n} 1 = 1 + 1 + 1 + \ldots + 1 = (n+1) \cdot 1 = n + 1$$

Binomischer Lehrsatz

Eine weitere wichtige Summe kennt man für den Spezialfall $n = 2$ bereits aus der Schule (meist als erste binomische Formel bezeichnet). Allgemein für $n \in \mathbb{N}$ und $a, b \in \mathbb{R}$ lautet die **binomische Summenformel**

$$(a+b)^n = \sum_{k=0}^{n} \binom{n}{k} a^{n-k} b^k$$

Hierbei ist $\binom{n}{k}$ der **Binomialkoeffizient**, lies: „n über k“, den Sie vermutlich aus dem Stochastik-Unterricht aus der Schule[2] kennen. Er sagt uns, wie viele k-elementige Teilmengen man aus einer n-elementigen Menge ziehen kann. Man berechnet ihn wie folgt:

$$\binom{n}{k} = \frac{n!}{k!(n-k)!}$$

Beispiel:
Wie viele $k = 2$-elementige Teilmengen lassen sich aus einer $n = 4$-elementigen Menge ziehen? Laut Binomialkoeffizienten sind es:

$$\binom{4}{2} = \frac{4!}{2!(4-2)!} = \frac{4!}{2!(2)!} = \frac{1 \cdot 2 \cdot 3 \cdot 4}{1 \cdot 2 \cdot 1 \cdot 2} = 6$$

Das stimmt, denn wenn z. B. $M = \{a, b, c, d\}$ die 4-elementige Obermenge ist, so können wir die sechs folgenden 2-elementigen Teilmengen ziehen:

$$\{a, b\}, \{a, c\}, \{a, d\}, \{b, c\}, \{b, d\}, \{c, d\}$$

2 Urnenmodell: Ziehen ohne Zurücklegen und ohne Beachtung der Reihenfolge. Eine Anwendung ist z. B. die Wahrscheinlichkeit, im Lotto zu gewinnen zu berechnen.

Der typische Weg, den Binomialkoeffizienten per Hand zu berechnen, ist das Pascalsche Dreieck (hier bis $n = 3$ und rechts daneben im direkten Zusammenhang zum Binomialkoeffizienten):

$$
\begin{array}{ccccccc}
 & & & 1 & & & \\
 & & 1 & & 1 & & \\
 & 1 & & 2 & & 1 & \\
1 & & 3 & & 3 & & 1 \\
 & & & \dots & & &
\end{array}
\qquad
\begin{array}{ccccccc}
 & & & \binom{0}{0} & & & \\
 & & \binom{1}{0} & & \binom{1}{1} & & \\
 & \binom{2}{0} & & \binom{2}{1} & & \binom{2}{2} & \\
\binom{3}{0} & & \binom{3}{1} & & \binom{3}{2} & & \binom{3}{3} \\
 & & & \dots & & &
\end{array}
$$

Die inneren Zahlen (zwischen den Einsen am Rand) bestimmt man, indem man die Zahlen schräg rechts und links darüber addiert. So ergeben sich die Zahlen in der vierten Zeile (also $n = 3$), wie folgt: $1+2 = 3$, $2+1 = 3$. Schauen wir uns nun ein Beispiel zur binomischen Summenformel an.

Beispiel:
Die binomische Formel vom Grad 3 (d. h. $n = 3$) lautet:

$$
\begin{aligned}
(a+b)^3 &= \sum_{k=0}^{3} \binom{3}{k} a^{3-k} b^k \\
&= 1a^3b^0 + 3a^2b^1 + 3a^1b^2 + 1a^0b^3 \\
&= a^3 + 3a^2b + 3ab^2 + b^3
\end{aligned}
$$

Beachten Sie, wie die Potenzen von a nach und nach reduziert werden, während die von b gleichzeitig steigen. Die Koeffizienten können direkt dem Pascalschen Dreieck entnommen werden. ▲

Verständnisfrage 9

a) Lernen Sie vom kleinen Gauß und addieren Sie geschickt die Zahlen von 1 bis 50.
b) Berechnen Sie $6! - 4!$ sowie $(6-4)!$. Sind die Ergebnisse identisch?
c) Berechnen Sie mit der geometrischen Summenformel: $1 + 3 + 3^2 + 3^3 + 3^4 + \ldots + 3^9$
d) Berechnen Sie den Binomialkoeffizienten $\binom{10}{8}$. Üben Sie hierbei den Umgang mit Fakultäten, vereinfachen Sie soweit wie möglich und benutzen Sie keinen Taschenrechner.

■

2.1.3 Rechenregeln

Die folgenden Regeln erleichtern uns den Umgang mit Summen und Produkten.

Konstante Summe:
Ist $c \in \mathbb{R}$ eine Konstante, so gilt:

$$\sum_{i=1}^{n} c = c + c + c + \ldots + c = n \cdot c \qquad \text{und} \qquad \prod_{i=1}^{n} c = c^n$$

Beispiel:

$$\sum_{i=1}^{5} 3 = 3+3+3+3+3 = 3\cdot 5 = 15$$

Startet die Summe nicht bei $i = 1$, so muss man entsprechend überlegen, wie oft die Konstante addiert wird ((Endwert minus Startwert) plus 1).

$$\sum_{i=7}^{12} 3 = 3+3+3+3+3+3 = ((12-7)+1)\cdot 3 = 6\cdot 3 = 18$$ ▲

Unabhängiger Faktor:
Einen vom Laufindex unabhängigen Faktor, hier $c \in \mathbb{R}$, kann man gemäß Distributivgesetz aus der Summe ziehen:

$$\sum_{i=1}^{n} c\cdot A(i) = cA(1) + cA(2) + \ldots + cA(n) = c(A(1) + A(2) + \ldots + A(n)) = c\cdot \sum_{i=1}^{n} A(i)$$

Vorsicht bei Produkten:

$$\prod_{i=1}^{n} c\cdot A(i) = cA(1)\cdot cA(2)\cdot \ldots \cdot cA(n) = c^n \cdot \prod_{i=1}^{n} A(i)$$

Beispiel:

$$\sum_{i=1}^{n} 3i^2 = 3\cdot\left(1^2\right)+3\cdot\left(2^2\right)+\cdots+3\cdot\left(n^2\right) = 3\cdot\left(1^2+2^2+\ldots+n^2\right) = 3\sum_{i=1}^{n} i^2$$

Beim Produkt ergibt sich:

$$\prod_{i=1}^{n} 3i^2 = 3^n \prod_{i=1}^{n} i^2$$ ▲

Die nachfolgenden Regeln wollen wir direkt an Beispielen verdeutlichen.

Auseinanderziehen:
Wir können die Indexmenge aufteilen:

$$\sum_{i=1}^{100} i^2 = \sum_{i=1}^{20} i^2 + \sum_{i=21}^{42} i^2 + \sum_{i=43}^{100} i^2$$

Analog verfährt man beim Produkt mit Multiplikation statt Addition.

Startwert ändern:
Wir können die ersten Summanden aus der Summe ziehen

$$\sum_{i=1}^{100} i^2 = \sum_{i=3}^{100} i^2 + 1^2 + 2^2$$

oder künstlich hinzufügen

$$\sum_{i=3}^{100} i^2 = \sum_{i=1}^{100} i^2 - 1^2 - 2^2$$

Endwert ändern:
Ebenso können wir mit den hintersten Summanden verfahren:

$$\sum_{i=1}^{100} i^2 = \sum_{i=1}^{98} i^2 + 100^2 + 99^2$$

oder

$$\sum_{i=1}^{100} i^2 = \sum_{i=1}^{102} i^2 - 102^2 - 101^2$$

Wir betrachten noch ein ausführliches Beispiel mit mehreren Änderungen (ausgehend von der Startsumme auf der linken Seite), die hier zur Demonstration der verschiedenen Regeln dienen.

Beispiel:

$$\begin{aligned}\sum_{i=1}^{5} e^i &= e^1 + e^2 + e^3 + e^4 + e^5 \\ &= e^1 + \sum_{i=2}^{5} e^i \\ &= \left(\sum_{i=1}^{4} e^i\right) + e^5 \\ &= \left(\sum_{i=1}^{6} e^i\right) - e^6\end{aligned}$$

Die erste Umformung erhöht nur den Startwert. Die zweite Umformung verringert den Endwert und dritte erhöht ihn. ▲

Summen & Produkte splitten:
Bei Summen im Summationsausdruck kann die Summe in mehrere zerlegt werden.

$$\sum_{i=1}^{n} \left(i^2 + e^i\right) = \sum_{i=1}^{n} i^2 + \sum_{i=1}^{n} e^i$$

Und analog beim Produkt

$$\prod_{i=1}^{n} i^2 e^i = \prod_{i=1}^{n} i^2 \cdot \prod_{i=1}^{n} e^i$$

Man kann sich die Regeln sehr leicht verdeutlichen, indem man die Summen oder Produkte einfach mit der „Pünktchenschreibweise" ausschreibt.

Verständnisfrage 10

a) Welche dieser Umformungen sind korrekt?

$$\sum_{i=0}^{5} \left(i^2 + i\right) \overset{a)}{=} 30 + \sum_{i=1}^{4} \left(i^2 + i\right) \overset{b)}{=} 30 + \sum_{i=1}^{4} i^2 + \sum_{i=1}^{4} i \overset{c)}{=} 30 + \frac{4 \cdot 5}{2} + \sum_{i=1}^{4} i^2$$

b) Formen Sie die Summe mathematisch korrekt so um, dass der Startwert bei $i = 1$ liegt:

$$\sum_{i=4}^{99}(3i-7)$$

c) Berechnen Sie die Summe mit Hilfe des kleinen Gauß (letzte Teilaufgabe beachten):

$$\sum_{i=4}^{99}(3i-7)$$

■

2.1.4 Indexverschiebung (Indexshift)

Die Indexverschiebung, meist **Indexshift** genannt, dient zur Vereinfachung für weitere Rechnungen. Allgemein gilt für $k \in \mathbb{Z}$:

$$\sum_{i=1}^{n} A(i) = \sum_{i=1+k}^{n+k} A(i-k)$$

Sie funktioniert analog auch bei Produkten. Das folgende Beispiel verdeutlicht den Nutzen.

Beispiel:
Es sei folgende Summe gegeben:

$$\sum_{i=1}^{4}(i+3)^2 = (1+3)^2 + (2+3)^2 + (3+3)^2 + (4+3)^2,$$

dann führt ein Indexshift mit $k = 3$ zu dem kompakteren Ausdruck

$$\sum_{i=4}^{7} i^2 = 4^2 + 5^2 + 6^2 + 7^2.$$

▲

Den Indexshift kann man auch als Substitution darstellen:

$$\sum_{i=1}^{4}(i+3)^2 \overset{t:=i+3}{=} \sum_{t=1+3}^{4+3} t^2 = \sum_{t=4}^{7} t^2$$

Beispiel:

$$\sum_{i=0}^{n} \sin(i+2) \overset{t:=i+2}{=} \sum_{t=2}^{n+2} \sin(t)$$

Achtung: Die Substitution (d. h. der Indexshift) geht so problemlos nur mit Ausdrücken der Form $t := i + c$ mit $c \in \mathbb{Z}$, denn z. B. gilt:

$$\sum_{i=1}^{5} 2i = 2+4+6+8+10 \overset{t:=2i}{\neq} \sum_{t=2}^{10} t = 2+3+4+5+6+7+8+9+10$$

Das Problem bei der Substitution $t := 2i$ besteht darin, dass $2i$ nur aus geraden Zahlen besteht, aber das t in der Summe auch über ungerade Zahlen läuft. Korrekt wäre der etwas umständliche Ausdruck:

$$\sum_{i=1}^{5} 2i \overset{t:=2i}{=} \sum_{\substack{t=2 \\ t \text{ gerade}}}^{10} t = 2+4+6+8+10$$ ▲

Verständnisfrage 11
Führen Sie auf folgende Summe einen Indexshift mit $t := k - 8$ durch.

$$\sum_{k=12}^{48} \sqrt{k-8}$$

■

2.2 Lineare und quadratische Gleichungen

Eine **Gleichung** trifft eine Aussage über die Gleichheit zweier Terme. Häufig gibt es eine oder mehrere Unbekannte (Variablen), die gesucht sind. Gibt es zudem Werte, die man nicht explizit festlegen, sondern flexibel lassen will, so spricht man von Parametern. Man sagt auch, dass ein Parameter (bezogen auf einen entsprechenden relevanten Zahlenbereich) beliebig, aber fest ist. Nehmen wir beispielsweise an, man verzinst (mit Zinseszins) ein Startkapital K_{Start} über n Jahre zu einem gleichbleibenden Zinssatz p, so gilt für das Endkapital K_{Ende}:

$$K_{\text{Ende}} = K_{\text{Start}} \left(1 + \frac{p}{100}\right)^n$$

In dieser Gleichung könnte man nun K_{Ende} als die Variable ansehen und die übrigen Unbekannten als Parameter. Für eine konkrete Situation (z. B. $n = 8$ Jahre, $p = 5$ und $K_{\text{Start}} = 1000$ Euro) könnte man nun sofort das Endkapital ausrechnen. Man könnte sich aber natürlich auch fragen, wie lange man ein gewisses Startkapital zu einem gewissen Zinssatz anlegen müsste, um das gewünschte Endkapital zu erreichen. Hierzu müssten wir die Gleichung nach n umstellen und würden alle anderen Unbekannten als Parameter ansehen.
In den Natur-, Ingenieur- und Wirtschaftswissenschaften werden reale Probleme durch Modelle (also letztlich mathematische Gleichungen) beschrieben und dann mathematisch gelöst. Daher stellt der sichere Umgang mit Gleichungen eine absolute Grundlage für das Studium dar. Wir betrachten hier die einfachsten, aber auch gleichzeitig wohl wichtigsten Gleichungen, nämlich die linearen und quadratischen.

Bei einer Gleichung (egal welcher Art) muss man jede Operation immer auf beiden Seiten der Gleichung anwenden. Fasst man alle Lösungen einer Gleichung in einer Menge zusammen, so erhält man die Lösungsmenge.

Beispiel:

$x + 3 = 4 \Leftrightarrow x = 4 - 3 \Leftrightarrow x = 1$, also ist die Lösungsmenge $L = \{1\}$. ▲

2.2.1 Lineare Gleichungen

Lineare Gleichungen haben die Gestalt $ax + b = 0$ mit $a, b \in \mathbb{R}$ und sinnvollerweise $a \neq 0$. Gesucht ist $x \in \mathbb{R}$. Eine lineare Gleichung hat genau eine Lösung $x = -\frac{b}{a}$.

Beispiel:
Gesucht sei die Lösung zu der linearen Gleichung $3x - 4 = 5$. Wir führen die Rechnung an dieser Stelle einmal ausführlich vor. Wir deuten rechts von der Gleichung mit einem senkrechten Strich an, was wir nun auf beiden Seiten anwenden. Bei Gleichungen mit nur einer Variable versucht man stets alle Konstanten auf eine Seite (meist rechts) und alle Variablen („alles mit x") auf die andere Seite (meist links) zu bringen.

$$\begin{aligned} & 3x - 4 = 5 \quad | + 4 \\ \Leftrightarrow \quad & 3x - 4 + 4 = 5 + 4 \\ \Leftrightarrow \quad & 3x = 9 \quad | : 3 \\ \Leftrightarrow \quad & \frac{3x}{3} = \frac{9}{3} \\ \Leftrightarrow \quad & x = 3 \end{aligned}$$

Mit ein wenig Erfahrung würde man aber eine solch einfache Gleichung sofort in einem Schritt nach x auflösen:

$$3x - 4 = 5 \Leftrightarrow x = \frac{5 + 4}{3} = 3$$

Die Lösungsmenge ist also nur $L = \{3\}$.
Man kann die Richtigkeit der Lösung selbst durch eine Probe überprüfen. Dazu setzt man das Ergebnis in die Ausgangsgleichung für x ein. Da $3 \cdot 3 - 4$ tatsächlich 5 ergibt, gelingt die Probe hier. ▲

Verständnisfrage 12
Bestimmen Sie die Lösungsmenge zu $-2x + 7 = 3$ und machen Sie die Probe. ■

2.2.2 Quadratische Gleichungen

Quadratische Gleichungen haben die Gestalt $ax^2 + bx + c = 0$ mit $a, b, c \in \mathbb{R}$ und $a \neq 0$. Gesucht ist $x \in \mathbb{R}$. Solche Gleichungen haben entweder eine, zwei oder gar keine Lösungen. Meist kennt man aus der Schule noch die pq- sowie die abc-Formel (letztere auch Mitternachtsformel genannt). Diese Formeln entstehen, wenn man die sogenannte quadratische Ergänzung, welche die allgemeine Lösungsmethode darstellt, auf eine allgemeine quadratische Gleichung anwendet. Die quadratische Ergänzung wird auch in anderen Kontexten verwendet (wie z. B. bei der Bestimmung einer Scheitelpunktform) und wer sie beherrscht, muss keine Formeln auswendig lernen. Wir bevorzugen daher diese. Bevor wir uns dem Lösen quadratischer Gleichungen widmen können, wollen wir die binomischen Formeln aus der Schule kurz in Erinnerung rufen.

2.2.2.1 Exkurs – Binomische Formeln

Es seien $a, b \in \mathbb{R}$, so lauten die aus der Schule bekannten **binomischen Formeln** wie folgt:

- $(a+b)^2 = a^2 + 2ab + b^2$
- $(a-b)^2 = a^2 - 2ab + b^2$
- $(a+b)(a-b) = a^2 - b^2$

Die dritte binomische Formel kommt in der Schule vergleichsweise selten vor, während sie in der Hochschulmathematik sehr oft Anwendung findet. Bild 2.2 veranschaulicht die erste binomische Formel. Man rechne die Flächen zusammen und erinnere sich, dass die Fläche eines Rechtecks lediglich das Produkt der Seitenlängen („Höhe mal Breite“) ist:

$$(a+b)^2 = a^2 + ab + ab + b^2 = a^2 + 2ab + b^2$$

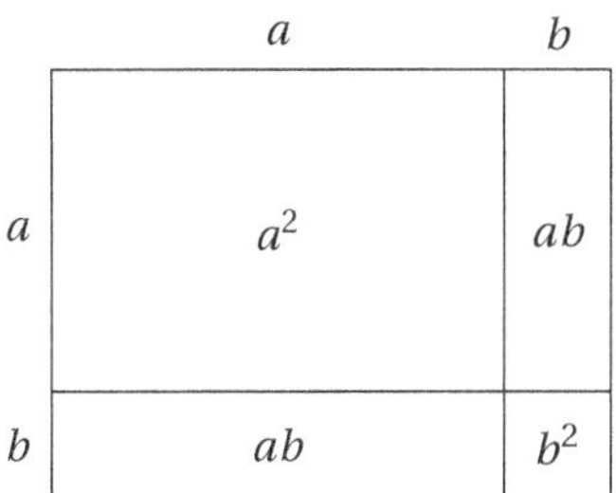

Bild 2.2 Veranschaulichung der ersten binomischen Formel

Die Formeln kann man auch sehr leicht mathematisch sauber beweisen, indem man einfach das Distributivgesetz anwendet. Hier am Beispiel der ersten binomischen Formel:

$$(a+b)^2 = (a+b)(a+b) = a^2 + ab + ba + b^2 = a^2 + 2ab + b^2$$

Es ist dennoch nützlich, diese Formeln auswendig zu kennen, damit man sie in komplexeren Formeln wieder entdecken kann. Häufig muss man die Formeln nämlich von „rechts nach links“ lesen, um Ausdrücke zu vereinfachen.

Beispiel:

$$\frac{x^2+2x+1}{x+1} = \frac{x^2+2\cdot 1\cdot x+1^2}{x+1} = \frac{(x+1)^2}{(x+1)} = x+1$$ ▲

2.2.2.2 Die quadratische Ergänzung und Herleitung der *pq*-Formel

In einem einfachen Fall kann man die binomische Formel direkt anwenden, so z. B. hier:

$$x^2 + 4x + 4 = (x+2)^2$$

Der große Vorteil dieser neuen Darstellung ist, dass man sofort die „Nullstellen“, also die Lösungen der Gleichung

$$x^2 + 4x + 4 = 0 \Leftrightarrow (x+2)^2 = 0$$

ablesen kann.[3] Hier nämlich $x = -2$.
Wir wandeln das Beispiel ein wenig ab, z. B. zu $x^2 + 4x - 5$. Nun können wir die binomische Formel nicht direkt anwenden, denn die -5 passt nicht. Der Trick der **quadratischen Ergänzung** besteht nun darin, einfach das, was man benötigt, hinzuschreiben und gleich wieder abzuziehen. In der Mathematik sagt man auch, man addiere eine „geschickte Null“. Wir benötigen in unserem konkreten Fall eine $+4$, um die binomische Formel anwenden zu können, also:

$$x^2 + 4x - 5 = x^2 + 4x \underbrace{+4-4}_{=0} -5 = \left(x^2 + 4x + 4\right) - 4 - 5 = (x+2)^2 - 9$$

Woher weiß man aber nun, was man ergänzen muss? Wenn wir uns nochmal die binomische Formel ansehen und statt a nun x schreiben,

$$(x+b)^2 = x^2 + 2bx + b^2$$

so fällt auf, dass der Vorfaktor am x lediglich das Doppelte von b ist. In dem Ausdruck $x^2 + 4x - 5$ gilt also, dass $2b = 4$, sprich $b = 2$ ist. Die zu ergänzende Zahl ist das b^2, in unserem Fall also $2^2 = 4$.

Beispiel:
Wir betrachten $x^2 - 8x + 7$. Die Hälfte von 8 ist $\frac{8}{2} = 4$. Quadrieren wir dies (daher *quadratische* Ergänzung), so erhalten wir die gesuchte Zahl, also $4^2 = 16$. Es ist somit:

$$x^2 - 8x + 7 = x^2 - 8x + \left(\frac{8}{2}\right)^2 - \left(\frac{8}{2}\right)^2 + 7 = \left(x^2 - 8x + 16\right) - 16 + 7 = (x-4)^2 - 9$$ ▲

Wir können nun mit dieser Methode quadratische Gleichungen schnell und einfach lösen.

Beispiel:

$$x^2 - 8x + 7 = 0 \Leftrightarrow x^2 - 8x + 16 - 16 + 7 = 0 \Leftrightarrow (x-4)^2 = 9 \Leftrightarrow x = \pm 3 + 4$$

Die Lösungsmenge ist also $L = \{1, 7\}$. ▲

---

[3] Man beachte, dass man jedes Problem, dass sich als Gleichung(en) darstellen lässt, auch immer zu einer Frage nach Nullstellen umformen kann, indem wir alles auf eine Seite der Gleichung bringen. Daher kann man das Lösen von Gleichungen immer auch darauf zurückführen, dass man Nullstellen sucht. Wir haben den Begriff Nullstelle im Text in Anführungszeichen gesetzt, da er eigentlich zu Funktionen gehört.

Wir wollen noch zeigen, dass die bekannte pq-Formel sofort aus der quadratischen Ergänzung folgt. Dazu wenden wir die Methode auf die allgemeine quadratische Gleichung $ax^2 + bx + c = 0$ (mit $a \neq 0$) an. Zunächst teilen wir die Gleichung durch a, um sie auf eine Standardform zu bringen. Dies dürfen wir machen, da wir $a \neq 0$ vorausgesetzt haben. Wäre $a = 0$, so läge nur eine lineare und keine quadratische Gleichung vor.

$$ax^2 + bx + c = 0 \Leftrightarrow x^2 + \frac{b}{a}x + \frac{c}{a} = 0$$

Wir definieren für eine übersichtlichere Darstellung nun $p := \frac{b}{a}$ und $q := \frac{c}{a}$ und damit erhalten wir die Form $x^2+px+q = 0$, auf welche wir wie gewohnt die quadratische Ergänzung anwenden können:

$$\begin{aligned} & x^2 + px + q = 0 \\ \Leftrightarrow\quad & x^2 + px + \left(\frac{p}{2}\right)^2 - \left(\frac{p}{2}\right)^2 + q = 0 \\ \Leftrightarrow\quad & \left(x + \frac{p}{2}\right)^2 = \left(\frac{p}{2}\right)^2 - q \\ \Leftrightarrow\quad & x + \frac{p}{2} = \pm\sqrt{\left(\frac{p}{2}\right)^2 - q} \\ \Leftrightarrow\quad & x = \pm\sqrt{\left(\frac{p}{2}\right)^2 - q} - \frac{p}{2} \end{aligned}$$

Der vorletzte Schritt, also das Ziehen der Wurzel, ist in den reellen Zahlen nur dann gültig, falls:

$$\left(\frac{p}{2}\right)^2 - q \geq 0$$

Ansonsten würden wir aus einer negativen Zahl die Quadratwurzel ziehen. Damit ist klar, dass wir genau dann zwei Lösungen erhalten, wenn dieser Ausdruck echt größer Null ist. Wir erhalten genau eine Lösung, wenn er gleich Null ist und gar keine Lösung, wenn er negativ ist.
Macht man die Substitution von oben rückgängig, so erhält man die abc-Formel:

$$x = \pm\sqrt{\left(\frac{b}{2a}\right)^2 - \frac{c}{a}} - \frac{b}{2a}$$

Für die Hochschulmathematik ist es empfehlenswert, die quadratische Ergänzung zu verinnerlichen, obgleich viele Lehrende freistellen, welche Lösungsmethode man verwendet.

Verständnisfrage 13
Bestimmen Sie die Lösungsmenge zu $x^2 + 4x - 12$. ■

2.2.2.3 Sonderfall: *x* ausklammern

Besonders einfach sind Gleichungen der Gestalt $ax^2 + bx = 0$ (mit $a \neq 0$), denn hier können wir einfach ein x ausklammern und erhalten:

$$ax^2 + bx = 0 \Leftrightarrow x(ax + b) = 0$$

Man beachte nun, dass ein Produkt genau dann gleich Null ist, wenn mindestens einer der Faktoren Null ist. Damit folgt nun, dass $x = 0$ oder $ax - b = 0$ (also $x = -\frac{b}{a}$) die beiden Lösungen sind. Damit ist $L = \left\{0, -\frac{b}{a}\right\}$.

Ein typischer Fehler besteht darin, die Ausgangsgleichung einfach direkt durch x zu teilen und damit $ax + b = \frac{0}{x} = 0$ zu erhalten. Damit würde man jedoch nur die Lösung $x = -\frac{b}{a}$ wahrnehmen. Die Voraussetzung, dass hierzu $x \neq 0$ sein muss, wird dabei häufig ignoriert und somit auch die Lösung $x = 0$. Es ist daher meist weniger fehleranfällig, das x auszuklammern und wie oben beschrieben vorzugehen.

Verständnisfrage 14
Bestimmen Sie die Lösungsmenge zu $-5x^2 = 15x$.

2.2.3 Linearfaktorisierung

Besitzt eine quadratische Gleichung $ax^2 + bx + c = 0$ die Lösungen (also Nullstellen) L_1 und L_2, so kann man den Term $ax^2 + bx + c$ in Linearfaktoren zerlegen:

$$ax^2 + bx + c = a(x - L_1)(x - L_2)$$

Dabei ist $L_1 = L_2$ zulässig (bei Funktionen würden wir von einer „doppelten Nullstelle" sprechen). Die **Linearfaktorisierung** ist eine nützliche Hilfe, wenn man beispielsweise Brüche vereinfachen oder quadratische Ungleichungen lösen möchte. Sie wird auch in komplexeren Gebieten wie der Integralrechnung oder der Laplace-Transformation benötigt.

Beispiele:
Durch quadratische Ergänzung können wir leicht zeigen, dass

$$x^2 - 5x + 6 = 0 \Leftrightarrow x = 2 \vee x = 3.$$

Damit können wir $x^2 - 5x + 6$ sofort linearfaktorisieren:

$$x^2 - 5x + 6 = (x - 2)(x - 3)$$

Die Gleichung $x^2 - x - 12 = 0$ hat als Lösungen $x = -3$ und $x = 4$, daher können wir auch schreiben:

$$x^2 - x - 12 = (x - 4)(x - (-3)) = (x - 4)(x + 3)$$

Vorsicht bei Faktoren vor der Gleichung:

$$2x^2 - 10x + 12 = 2(x^2 - 5x + 6) = 2(x - 2)(x - 3)$$

Die Null darf natürlich auch eine Nullstelle sein:

$$x^2 + 3x = (x - 0)(x + 3) = x(x + 3)$$

Nicht immer ist eine Linearfaktorisierung (in den reellen Zahlen) möglich, so hat beispielsweise $x^2 + 1 = 0$ keine reellen Lösungen.

Und zum Schluss noch ein Beispiel zum Fall $L_1 = L_2$ („doppelte Nullstelle"):

$$x^2 + 2x + 1 = (x+1)(x+1) = (x+1)^2$$ ▲

Die Linearfaktorisierung funktioniert ggf. auch bei Polynomen[4] höheren Grades, dann wird das Produkt evtl. entsprechend länger, z. B.:

$$x^3 - 2x^2 - 5x + 6 = (x-1)(x+2)(x-3)$$

Verständnisfrage 15
Linearfaktorisieren Sie $x^2 + 4x - 12$. ■

2.3 Präsenzaufgaben

Bearbeiten Sie die folgenden Aufgaben möglichst allein oder bei Schwierigkeiten in Kleingruppen. Bitte benutzen Sie keine Hilfsmittel wie Taschenrechner o. ä., sofern die Aufgabe dies nicht explizit erlaubt. Rechnen Sie stets mit Brüchen, um Ihre Bruchrechenfähigkeiten zu trainieren.

Aufgabe 1 (Summen und Produkte Teil I)
Gegeben seien die folgenden Größen. Berechnen Sie die Summen.

n	0	1	2	3	4	5
a_n	2	−1	0	0	3	1
b_n	0	1	−2	2	−1	2

Beispiele (zum Lesen der Tabelle): $a_0 = 2$ und $b_4 = -1$

a) $\sum_{n=0}^{5} a_n b_n$

b) $\sum_{n=3}^{5} a_n^{b_n}$

c) $\sum_{n=0}^{5} (b_n - a_n)$

d) Das arithmetische Mittel je von a_n und b_n.

e) $\prod_{n=1}^{5} b_n$

f) $\sum_{t=7}^{8} \prod_{n=0}^{2} a_0$

[4] Ein Polynom vom Grad n hat die allgemeine Gestalt $a_n x^n + a_{n-1} x^{n-1} + \ldots + a_1 x + a_0$ mit $a_i \in \mathbb{R}$ $(i = 0, \ldots, n)$ und $a_n \neq 0$.

Aufgabe 2 (Summen und Produkte Teil II)
Berechnen Sie.

a) $\sum_{k=1}^{n}(2k-1)$ für $n=1,2,3,4$. Was fällt Ihnen auf?

b) $\sum_{i=0}^{3}\left(2i^2+3i-1\right)$

c) $\sum_{t=2}^{4}\sum_{k=1}^{2}\left((-1)^{t+k}(t-k)\right)$

d) $\left(\prod_{k=1}^{10}k\right)\cdot\left(\prod_{k=2}^{9}k\right)^{-1}$

Aufgabe 3 (Summen und Produkte Teil III)
Schreiben Sie die folgenden Ausdrücke mit Hilfe des Summen- bzw. Produktzeichens.

a) $3^5+3^6+3^7+3^8+\ldots+3^{42}$

b) $2+4+6+8+10+12$

c) $\left(\frac{1}{2}\right)^0+\left(\frac{1}{2}\right)^1+\left(\frac{1}{2}\right)^2+\left(\frac{1}{2}\right)^3+\ldots+\left(\frac{1}{2}\right)^n$

d) $3+5+7+9+11+13+15$

e) $25!$

f) $1\cdot\sqrt{2}\cdot\sqrt{3}\cdot 2\cdot\sqrt{5}\cdot\sqrt{6}\cdot\sqrt{7}\cdot\sqrt{8}\cdot 3$

g) (Zusatz) $1-2+4-8+16-32$

h) (Zusatz) $(0+3+6)\cdot(0+6+12)\cdot(0+9+18)$

i) (Zusatz) $3+6x+9x^2+12x^3+15x^4$

Aufgabe 4 (Summenformeln)
Nutzen Sie die bekannten Summenformeln zum Berechnen der folgenden Summen. Große Zahlen wie 3^{100} brauchen Sie nicht weiter auszurechnen.

a) $\sum_{i=1}^{42}i$

b) $\sum_{i=1}^{10}(4i+3)$

c) Zeigen Sie mit dem kleinen Gauß, dass unsere Vermutung aus Aufgabe 2a) korrekt ist: $\sum_{k=1}^{n}(2k-1)=n^2$

d) In einem Chat treffen sich nach und nach insgesamt 20 Freunde. Der erste begrüßt jeden einzelnen, der nach ihm den Chat betritt, mit einer Nachricht. Der zweite begrüßt ebenfalls nur jeden, der nach ihm kommt usw. Wie viele solcher Begrüßungsnachrichten werden insgesamt verschickt? (Tipp: Kleiner Gauß)

e) $\sum_{k=0}^{99}3^k$

f) $\sum_{k=2}^{44}\left(\frac{1}{5}\right)^k$

g) $\sum_{t=1}^{10}\left(\left(\frac{1}{2}\right)^t - 2t\right)$

h) (Zusatz) $(x+y)^5$, Tipp: Pascalsches Dreieck.

i) (Zusatz) $\sum_{k=0}^{200}\binom{200}{k}\cdot\left(\frac{2}{3}\right)^{200-k}\cdot\left(\frac{1}{3}\right)^k$

Aufgabe 5 (Indexspielereien)
Zeigen Sie, dass das Ergebnis folgender Summen stets Null ist.

a) $-5+\sum_{k=5}^{49}\sqrt{k}-\sum_{t=4}^{48}\sqrt{t}$

b) $\sum_{k=0}^{31}\sin(k+2)-\sum_{k=2}^{33}\sin(k)$

c) (Zusatz) $\left(\sum_{k=1}^{n}2^k\right)\left(\left(\prod_{k=1}^{n}2\right)-1\right)^{-1}-2$

Aufgabe 6 (Lineare Gleichungen Teil I)
Berechnen Sie die Lösungsmenge folgender Gleichungen und machen Sie stets die Probe.

a) $3x-7=8$

b) $-2x-6=-2$

c) $2x=-6-4x$

d) $2-\frac{x}{3}=\frac{7}{4}$

e) $-\pi+\sqrt{2}x-2\pi=-3\pi$

f) $3x-7t=5t-x$ mit $t\in\mathbb{R}$

g) $(t-3)x=-2-3x$ mit $t\in\mathbb{R}\setminus\{0\}$

h) (Zusatz) Es seien $a_i=(i+1)^2$ für $i\in\{0,1\}$ und $a_i=0\,\forall i>1$. Es sei $n>0$. Die zu lösende Gleichung ist gegeben durch: $\sum_{i=0}^{n}a_ix^i=\sum_{i=0}^{n}(a_i)^2$.

Aufgabe 7 (Lineare Gleichungen Teil II)
Berechnen Sie die Lösungsmenge folgender Gleichungen.

a) $\frac{2x-4}{5-x}=1$

b) $\frac{\frac{3}{4}-x}{x-\frac{1}{4}}=1$

c) $\frac{3x+2}{2x+6}=-2$

d) $\frac{4x-8}{x-2}=1$

e) Prüfen Sie bei den vier Brüchen, welche Werte für x nicht zulässig sind. Vergleichen Sie dies jeweils mit den Lösungsmengen. Müssen Sie vielleicht ein Ergebnis korrigieren?

Aufgabe 8 (Quadratische Gleichungen Teil I)
Berechnen Sie die Lösungsmenge folgender Gleichungen und machen Sie stets die Probe.

a) $x^2 = 4x - 4$

b) $x^2 + 2x = 0$

c) $-3 + x^2 = -2x$

d) $x^2 - 29 = -4$

e) (Zusatz) $3x^2 = \frac{21}{4}x + \frac{3}{2}$

Aufgabe 9 (Quadratische Gleichungen Teil II)
Geben Sie eine Gleichung der Form $x^2 + bx + c = 0$ (mit $b, c \in \mathbb{R}$) an, die genau die gegebenen Lösungen besitzt. Wie lauten jeweils b und c?

a) -5 und 3

b) 0 und 2

c) -4 und -1

d) 3π und $\sqrt{5}$

Aufgabe 10 (Linearfaktorisierung)
Kürzen Sie die folgenden Brüche mit Hilfe der Linearfaktorisierung. Eventuell lohnt ein Blick auf bereits gelöste Aufgaben, um sich Rechnungen zu ersparen.

a) $\frac{x^2 + 2x - 3}{x - 1}$

b) $\frac{x^2 - 4}{x^2 - 4x + 4}$

c) $\frac{2x^2 + 4x - 30}{2x^2 - 12x + 18}$

d) (Zusatz) $\frac{x^2 + (b - a)x - ab}{x^2 - a^2}$ mit $a, b \in \mathbb{R}$

Zusatzaufgabe 11 (Lösungsmengen quadratischer Gleichungen)
Es sei die allgemeine quadratische Gleichung $ax^2 + bx + c = 0$ mit $a \neq 0$ gegeben. Bestimmen Sie die Bedingungen in Abhängigkeit von $a, b, c \in \mathbb{R}$, unter denen diese Gleichung keine, genau eine bzw. exakt zwei verschiedene Lösungen in $\mathbb{R}$ besitzt.

Zusatzaufgabe 12 (Für viele Computer ein Problem)
Bestimmen Sie alle $x \in \mathbb{R}$, welche die folgende Gleichung lösen:

$$\left(x^2 - 7x + 11\right)^{x^2 - 13x + 42} = 1$$

Tipp: Es gibt genau sechs Zahlen, die dies erfüllen. Überlegen Sie sich zunächst allgemein, für welche $a, b \in \mathbb{R}$ gilt $a^b = 1$.
Viele Computerprogramme finden übrigens nur vier der sechs Lösungen. Was vermuten Sie, welche häufig nicht gefunden werden?

Zusatzaufgabe 13 (Rechentrick)
Eine natürliche Zahl, die auf 5 endet, lässt sich durch einen Trick leicht im Kopf quadrieren. Ist beispielsweise 65^2 gesucht, so ignoriert man zunächst die 5 und betrachtet nur die Zahl(en) vor der 5, hier also die 6. Diese multipliziert man mit der nachfolgenden Zahl, also $6 \cdot 7 = 42$. An das Ergebnis hängt man $5^2 = 25$ an und ist fertig: $65^2 = 4225$. Probieren Sie es selbst z. B. mit 35^2 oder 85^2 aus! Dies funktioniert auch mit größeren Zahlen wie 115^2. Da $11 \cdot 12 = 132$ ist $115^2 = 13225$.
Zeigen Sie, dass diese Regel für alle natürlichen Zahlen n gilt, die auf eine 5 enden. Tipp: Man kann eine solche Zahl immer darstellen durch $n = m \cdot 10 + 5$ mit geeignetem $m \in \mathbb{N}$ (wieso?).

Zusatzaufgabe 14 (Rechentrick Produkt)
Liegt eine Zahl, die sich einfach quadrieren lässt, in der Mitte zwischen zwei Zahlen, die man multiplizieren will, so ist das Produkt schnell berechnet. Beispiel: $47 \cdot 53$. In der Mitte zwischen 47 und 53 liegt die 50, deren Quadrat einfach im Kopf auszurechnen ist (denn $5^2 = 25$, also ist $50^2 = 2500$). Von dem Quadrat muss man nur noch die quadrierte Differenz zur Mitte abziehen (hier 3). Also gilt:

$$47 \cdot 53 = 50^2 - 3^2 = 2500 - 9 = 2491$$

Zeigen Sie, dass diese Regel allgemein gilt (sogar für reelle Zahlen, nur da kann man selten die Zahl in der Mitte gut im Kopf quadrieren). Tipp: Nenne x und y die Faktoren, a die Zahl in der Mitte und b den Abstand. ■

2.4 Übersicht

Diese Übersicht dient zum schnellen Nachschlagen (z. B. in den Tutorien). Es empfiehlt sich, Lernhilfen und Übersichten selbst anzufertigen, da dies den Lernprozess unterstützt.

Summen und Produkte

Beispiel zu Summen (lies „Summe von i gleich 1 bis 5 über i^2“):

$$\sum_{i=1}^{5} i^2 = 1^2 + 2^2 + 3^2 + 4^2 + 5^2$$

Ebenso bei Produkten:

$$\prod_{i=1}^{5} i^2 = 1^2 \cdot 2^2 \cdot 3^2 \cdot 4^2 \cdot 5^2$$

Formeln und Rechenregeln:

- Kleiner Gauß:

$$\sum_{k=1}^{n} k = \frac{n(n+1)}{2}$$

- Geometrische Summenformel für $q \neq 1$:

$$\sum_{k=0}^{n} q^k = \frac{1-q^{n+1}}{1-q}$$

- Binomische Summenformel:

$$(a+b)^n = \sum_{k=0}^{n} \binom{n}{k} a^{n-k} b^k$$

- Fakultät:

$$n! := \prod_{k=0}^{n} k$$

- Binomialkoeffizient („n über k"):

$$\binom{n}{k} = \frac{n!}{k!\,(n-k)!}$$

- Konstante Summe bzw. Produkt ($c \in \mathbb{R}$):

$$\sum_{k=1}^{n} c = n \cdot c \quad \text{bzw.} \quad \prod_{k=1}^{n} c = c^n$$

- Unabhängiger Faktor:

$$\sum_{k=1}^{n} c \cdot A(k) = c \cdot \sum_{k=1}^{n} A(k) \quad \text{bzw.} \quad \prod_{k=1}^{n} c \cdot A(k) = c^n \cdot \prod_{k=1}^{n} A(k)$$

- Aufteilen:

$$\sum_{k=1}^{100} k^2 = \sum_{k=1}^{50} k^2 + \sum_{k=51}^{100} k^2$$

  Analog bei $\prod$ mit Multiplikation statt Addition.

- Start- bzw. Endwert ändern:

$$\sum_{k=5}^{100} k^2 = \sum_{k=5}^{99} k^2 + 100^2 = \sum_{i=4}^{100} k^2 - 5^2$$

- Summen bzw. Produkte splitten:

$$\sum_{i=1}^{n} \left(i^2 + e^i\right) = \sum_{i=1}^{n} i^2 + \sum_{i=1}^{n} e^i$$

  bzw.

$$\prod_{i=1}^{n} i^2 e^i = \prod_{i=1}^{n} i^2 \cdot \prod_{i=1}^{n} e^i$$

- Indexshift (Substitution $t = k + c$ mit $c \in \mathbb{Z}$ passend):

$$\sum_{k=1}^{n} A(k+c) = \sum_{k=1+c}^{n+c} A(k)$$

Lineare und quadratische Gleichungen

Lineare Gleichung nach x auflösen (sofern $a \neq 0$):

$$ax + b = c \Leftrightarrow x = \frac{c-b}{a}$$

Quadratische Gleichung lösen per quadratischer Ergänzung (oder pq-Formel, abc-Formel). Beispiel:

$$\begin{aligned} & x^2 + 6x - 7 = 0 \\ \Leftrightarrow \quad & \left(x + \frac{6}{2}\right)^2 - \left(\frac{6}{2}\right)^2 - 7 = 0 \\ \Leftrightarrow \quad & (x+3)^2 - 9 - 7 = 0 \\ \Leftrightarrow \quad & (x+3)^2 = 16 \\ \Leftrightarrow \quad & x + 3 = \pm\sqrt{16} \\ \Leftrightarrow \quad & x = \pm 4 - 3 \end{aligned}$$

Linearfaktorisierung: Da -7 und 1 „Nullstellen" von x^2+6x-7 sind, kann man das Polynom faktorisieren („x minus Nullstelle" mal „x minus Nullstelle"…):

$$x^2 + 6x - 7 = (x - (-7)) \cdot (x-1) = (x+7)(x-1)$$

2.5 Lösungen zu den Verständnisfragen

(8) Summen – Aufbau und Schreibweise

(a) Lies: Die Summe von $t = 2$ bis 4 über $(5-t)^2$. Es gilt:

$$\sum_{t=2}^{4} (5-t)^2 = (5-2)^2 + (5-3)^2 + (5-4)^2 = 9 + 4 + 1 = 14$$

(b) Es gibt mehrere Lösungsmöglichkeiten. Hier eine naheliegende:

$$5 \cdot 10 \cdot 15 \cdot 20 \cdot \ldots \cdot 45 = \prod_{p=1}^{9} 5p$$

(9) Summen – Wichtige Formeln und Notationen

(a) Nach der Summenformel des kleinen Gauß gilt:

$$\sum_{i=1}^{50} i = \frac{50 \cdot 51}{2} = 1275$$

(b) Die Ergebnisse von

$$6! - 4! = 1 \cdot 2 \cdot 3 \cdot 4 \cdot 5 \cdot 6 - 1 \cdot 2 \cdot 3 \cdot 4 = 720 - 24 = 696$$

und

$$(6-4)! = 2! = 1 \cdot 2 = 2$$

sind nicht identisch. Man kann das Fakultätzeichen also nicht „ausklammern".

(c) Bemerke: $1 = 3^0$. Also ist:

$$3^0 + 3^1 + 3^2 + \ldots + 3^9 = \sum_{k=0}^{9} 3^k = \frac{1-3^{9+1}}{1-3} = \frac{1}{2}(3^{10}-1) = 29524$$

(d) Wir berechnen den Binomialkoeffizienten:

$$\binom{10}{8} = \frac{10!}{8!(10-8)!} = \frac{1\cdot 2\cdot\ldots\cdot 8\cdot 9\cdot 10}{1\cdot 2\cdot\ldots\cdot 8\cdot 2!} = \frac{9\cdot 10}{1\cdot 2} = 9\cdot 5 = 45$$

(10) Summen – Rechenregeln

(a) Alle Umformungen sind korrekt.

(b)

$$\sum_{i=4}^{99}(3i-7) = \sum_{i=1}^{99}(3i-7) - (3\cdot 1-7) - (3\cdot 2-7) - (3\cdot 3-7) = \sum_{i=1}^{99}(3i-7) + 3$$

(c)

$$\sum_{i=1}^{99}(3i-7) + 3 = 3\sum_{i=1}^{99} i - \sum_{i=1}^{99} 7 + 3 = 3\cdot\frac{99\cdot 100}{2} - 99\cdot 7 + 3 = 14160$$

(11) Summen – Indexshift

$$\sum_{k=12}^{48}\sqrt{k-8} \overset{t:=k-8}{=} \sum_{t=4}^{40}\sqrt{t}$$

(12) Lineare Gleichungen

$$\begin{aligned} & -2x+7=3 \quad \mid -7 \\ \Leftrightarrow\quad & -2x=-4 \quad \mid :(-2) \\ \Leftrightarrow\quad & x=2 \end{aligned}$$

Also $L = \{2\}$. Die Probe gelingt, denn $-2\cdot 2+7$ ergibt wie gefordert 3.

(13) Quadratische Gleichungen

$$\begin{aligned} & x^2+4x-12=0 \\ \Leftrightarrow\quad & \left(x+\frac{4}{2}\right)^2 - \left(\frac{4}{2}\right)^2 - 12 = 0 \\ \Leftrightarrow\quad & (x+2)^2-4-12=0 \\ \Leftrightarrow\quad & (x+2)^2=16 \\ \Leftrightarrow\quad & x+2=\pm\sqrt{16} \\ \Leftrightarrow\quad & x=\pm 4-2 \end{aligned}$$

Somit ist $L = \{-6, 2\}$.

(14) Sonderfall: x ausklammern

$$\begin{aligned} & -5x^2 = 15x \\ \Leftrightarrow\quad & -5x^2 - 15x = 0 \\ \Leftrightarrow\quad & x(-5x - 15) = 0 \\ \Leftrightarrow\quad & -5x - 15 = 0 \lor x = 0 \\ \Leftrightarrow\quad & x = -3 \lor x = 0 \end{aligned}$$

Somit ist $L = \{-3, 0\}$.

(15) Linearfaktorisierung
Sie haben bereits die Lösungen von $x^2 + 4x - 12$ in einer vorherigen Verständnisaufgabe berechnet ($L = \{-6, 2\}$). Somit können wir sofort festhalten:

$$x^2 + 4x - 12 = (x - (-6))(x - 2) = (x + 6)(x - 2)$$

3 Lineare Gleichungssysteme und Matrizen

Lineare Gleichungssysteme sind ein elementarer Bestandteil im Ingenieur- und Wirtschaftswissenschaftsstudium. Meist schon im erster Semester berechnet man in der Statik die sogenannte Kräftezerlegung und in der Elektrotechnik führt man Zweigstromanalysen durch. Fragen nach der optimalen Auslastung von Maschinen und somit des maximalen Gewinns sind ein einfaches wirtschaftliches Beispiel. Generell kommen lineare Modelle und somit lineare Gleichungssysteme (und Matrizen als Kurzschreibweise) in vielen Anwendungen vor, die Ihnen im Studium begegnen werden.

3.1 Lineare Gleichungen

In **linearen Gleichungen** kommen nur sogenannte Linearkombinationen von Unbekannten vor, d. h. im Falle von drei Unbekannten haben wir die Gestalt $ax + by + cz = d$ mit Konstanten $a, b, c, d \in \mathbb{R}$ und (reellen) Variablen x, y, z. Wir suchen also x, y, z, sodass diese Gleichung erfüllt ist, wobei a, b, c, d gegebene Konstanten bzw. beliebige, aber feste Parameter sind.

Beispiel:
Betrachten wir ein Beispiel mit $a = 1$, $b = -2$, $c = 5$ und $d = 8$, also

$$x - 2y + 5z = 8$$

Offensichtlich ist es nicht möglich nur genau eine eindeutige Lösung (x, y, z) zu finden, denn beispielsweise ist (3, 0, 1) ebenso eine Lösung, wie auch (10, 1, 0) oder auch (8, 0, 0). Schnell erkennt man, dass diese Gleichung unendlich viele Lösungen hat, aber dennoch wollen wir nicht raten müssen, sondern ein Muster finden, sodass wir diese unendlich vielen Lösungen sinnvoll beschreiben können.
Da wir die Gleichung nicht nach *allen* Unbekannten gleichzeitig auflösen können, bedienen wir uns eines „Tricks": Es bleibt uns nichts anderes übrig, als die Gleichung nur nach einer Variable aufzulösen (z. B. nach x), aber dafür müssen wir die anderen beiden Variablen als Parameter, also als „beliebig, aber fest" ansehen. Wir behalten im Hinterkopf, dass es sich eigentlich um Variablen handelt, aber gehen für den Moment davon aus, dass es

(unbekannte) Konstanten sind. Um dies deutlich zu machen und Verwechslungen zu vermeiden, benennen wir sie ab diesem Punkt um. Hier wählt man gerne griechische Buchstaben, wie $z = \lambda$ (Lambda) und $y = \mu$ (Mü). Jetzt können wir die Gleichung nach x auflösen (mit $\lambda, \mu \in \mathbb{R}$):

$$x - 2\mu + 5\lambda = 8 \Leftrightarrow x = 8 + 2\mu - 5\lambda$$

Nun können wir uns also zwei Werte für λ und μ beliebig (aber fest) wählen und können sofort das passende x dazu ausrechnen, sodass (x, y, z) eine Lösung der Gleichung ist. Wer Vektoren aus der Schule kennt, kann dies eleganter aufschreiben:

$$\begin{pmatrix} x \\ y \\ z \end{pmatrix} = \begin{pmatrix} 8 + 2\mu - 5\lambda \\ \mu \\ \lambda \end{pmatrix} = \begin{pmatrix} 8 \\ 0 \\ 0 \end{pmatrix} + \mu \begin{pmatrix} 2 \\ 1 \\ 0 \end{pmatrix} + \lambda \begin{pmatrix} -5 \\ 0 \\ 1 \end{pmatrix}$$

Man beachte, dass man für μ und λ jede beliebige reelle Zahl einsetzen kann und man wird stets eine Lösung der Gleichung erhalten. So ergibt sich beispielsweise mit $\mu = 0$ und $\lambda = 1$ die Lösung $(3, 0, 1)$. ▲

Der Lösungsraum einer Gleichung mit drei Unbekannten wie im Beispiel ist also – geometrisch gesehen – eine Ebene im dreidimensionalen Raum. Hätten wir nun noch eine weitere Gleichung gegeben, die gleichzeitig gelten sollte (wieder zu denselben Unbekannten x, y, z), so würden wir wieder eine Ebene als Lösungsraum erhalten. Wenn diese beiden Ebenen sich schneiden, so wäre diese Schnittmenge eine Gerade (Sonderfälle behandeln wir später). Also wäre der Lösungsraum von zwei linearen Gleichungen dann eine Gerade. Würde noch eine dritte Gleichung hinzukommen, so kann der Schnitt von allen drei Ebenen ein Punkt sein, also eine eindeutige Lösung liefern. Jede weitere Gleichung, die dann noch hinzukäme, würde dann entweder keine hilfreichen Informationen mehr liefern oder höchstens dafür sorgen, dass dieser Punkt keine Lösung mehr ist und der Lösungsraum wäre dann leer. Bild 3.1 veranschaulicht, wie sich drei Ebenen in genau einem Punkt schneiden. Sonderfälle könnten dadurch eintreten, dass zwei Ebenen zum Beispiel parallel liegen oder identisch sind. Darauf gehen wir im Folgenden auch ein.

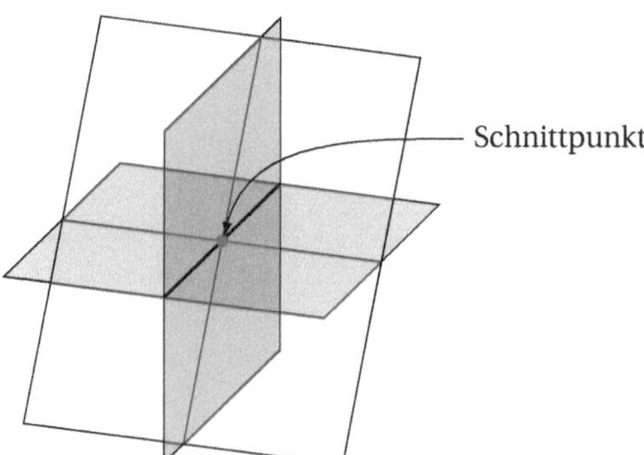

Bild 3.1 Schnitt von drei Ebenen

Verständnisfrage 16
Es wurden drei Geldbeträge $x, y, z > 0$ über ein Jahr angelegt, wobei der erste zu 5 %, der zweite zu 3 % und der dritte zu 10 % (pro Jahr, kein Zinseszins) angelegt wurde. Am Ende des Jahres summierten sich die Beträge inklusive Zinsen zu 12000 Euro auf. Stellen Sie die zugehörige Gleichung auf, geben Sie zumindest drei Lösungen an und machen Sie sich klar, dass es unter dieser Informationslage unendlich viele Lösungen gibt. ■

3.2 Lineare Gleichungssysteme

Betrachtet man mehrere Gleichungen simultan, so spricht man von einem **Gleichungssystem**. Mittels der Anschauung durch die Ebenen können wir uns verdeutlichen, dass es nicht nur eine eindeutige Lösung für ein lineares Gleichungssystem (kurz **LGS**) geben muss (alle Lösungsebenen schneiden sich in genau einem Punkt), sondern dass der Lösungsraum auch unendlich groß sein kann, wenn die Schnittmenge eine Gerade ist (oder gar die ganze Ebene, falls die Ebenen identisch sind). Aber es gibt noch einen dritten Fall, nämlich den, dass gar keine Lösungen existieren. So könnten beispielsweise zwei Lösungsebenen identisch sein und die dritte liegt parallel zu den beiden. Es ist wichtig, dass man alle drei Fälle beherrscht, um LGS lösen zu können.

3.2.1 Eindeutige Lösung

Nehmen wir an, wir haben drei Informationen über drei Unbekannte und können diese in Gleichungen beschreiben, sodass also ein Gleichungssystem mit drei Gleichungen entsteht.

Beispiel:
Man sortiert die Gleichungen so, dass möglichst dieselben Variablen jeweils untereinander stehen. Die Konstanten bringt man üblicherweise auf die rechte Seite.

$$\begin{array}{rrcl} & x-2y+5z & = & 8 \\ \wedge & x+\ \ y+3z & = & 1 \\ \wedge & 3x+3y-\ \ z & = & 2 \end{array}$$

Das „Und"-Symbol ($\wedge$) kennen wir bereits. Es soll hier betonen, dass eine Lösung alle drei Gleichungen *gleichzeitig* erfüllen muss. So wäre beispielsweise $x = 8$, $y = 0$ und $z = 0$ zwar eine Lösung für die erste Gleichung, aber offensichtlich nicht für die zweite (und auch nicht für die dritte), also ist es insbesondere keine Lösung für unser gesamtes Gleichungssystem. Meist lässt man das $\wedge$-Symbol vor den Gleichungen weg und verbindet sie stattdessen mit einer großen geschweiften Klammer:

$$\begin{cases} x-2y+5z=8 \\ x+\ \ y+3z=1 \\ 3x+3y-\ \ z=2 \end{cases}$$ ▲

Zum händischen Lösen solch eines Gleichungssystems verwendet man oft eine Kombination von zwei Verfahren: das Additions- und das Einsetzungsverfahren. Auf diese gehen wir nun ein, bevor wir uns wieder der Lösbarkeit von LGS widmen können.

3.2.1.1 Das Einsetzungsverfahren

Beim **Einsetzungsverfahren** stellt man eine Gleichung nach einer Variablen um (z. B. nach x) und ersetzt dann in den jeweils anderen Gleichungen das x entsprechend.

Beispiel:
Wir betrachten wieder das folgende LGS. Wir werden im Folgenden immer wieder von den einzelnen Zeilen sprechen, weshalb wir sie hier mit römischen Ziffern nummerieren. Man schreibt diese Ziffern üblicherweise nicht an das LGS, es dient hier nur zur Verdeutlichung.

$$\begin{cases} x - 2y + 5z = 8 & (I) \\ x + y + 3z = 1 & (II) \\ 3x + 3y - z = 2 & (III) \end{cases}$$

Stellen wir die erste Zeile nach x um, so erhalten wir:

$$x = 2y - 5z + 8$$

Dies können wir nun in der zweiten und dritten Zeile einsetzen, wodurch sich die Anzahl an Variablen faktisch auf zwei reduziert. Die zweite Zeile ergibt dann anschließend nach y umgestellt:

$$x + y + 3z = 1 \Leftrightarrow (2y - 5z + 8) + y + 3z = 1 \Leftrightarrow 3y = 2z - 7 \Leftrightarrow y = \frac{2}{3}z - \frac{7}{3}$$

Setzen wir beides in die dritte Zeile ein, so erhalten wir eine lineare Gleichung mit nur einer Unbekannten, die sich leicht lösen lässt:

$$\begin{aligned} & 3x + 3y - z = 2 \quad && \mid x = 2y - 5z + 8 \text{ einsetzen} \\ \Leftrightarrow\quad & 3(2y - 5z + 8) + 3y - z = 2 \\ \Leftrightarrow\quad & 9y - 16z = -22 && \mid y = \frac{2}{3}z - \frac{7}{3} \text{ einsetzen} \\ \Leftrightarrow\quad & 9\left(\frac{2}{3}z - \frac{7}{3}\right) - 16z = -22 \\ \Leftrightarrow\quad & 6z - 21 - 16z = -22 \\ \Leftrightarrow\quad & -10z = -1 \\ \Leftrightarrow\quad & z = \frac{1}{10} \end{aligned}$$

Nun folgt das, was man **Rückwärtseinsetzung** nennt. Wenn wir die Lösung für z in die nach y umgestellte Gleichung einsetzen, so erhalten wir:

$$y = \frac{2}{3}z - \frac{7}{3} \Leftrightarrow y = \frac{2}{3} \cdot \frac{1}{10} - \frac{7}{3} = \frac{2}{30} - \frac{70}{30} = \frac{-68}{30} = -\frac{34}{15}$$

Und beide Lösungen für y bzw. z eingesetzt ergeben schließlich:

$$x = 2y - 5z + 8 \Leftrightarrow x = 2 \cdot \left(-\frac{34}{15}\right) - 5 \cdot \frac{1}{10} + 8 = \frac{-136 - 15 + 240}{30} = \frac{89}{30}$$

Die eindeutige Lösung lautet also

$$(x, y, z) = \left(\frac{89}{30}, -\frac{34}{15}, \frac{1}{10}\right) \approx (2.97, -2.27, 0.1). \qquad \blacktriangle$$

Je nach konkretem LGS löst man eine Gleichung nicht als erstes nach x, sondern nach einer anderen Variable auf. Das hat mitunter den Vorteil, weniger Brüche während der Rechnung zu erzeugen. Die Lösung des LGS (wenn existent) ist am Ende natürlich immer dieselbe.

Verständnisfrage 17
Lösen Sie folgendes LGS allein durch den Einsatz des Einsetzungsverfahrens und machen Sie auch die Probe.

$$\begin{cases} -x - 2y = 3 \\ 3x + y = 1 \end{cases}$$

■

3.2.1.2 Das Additionsverfahren

Nur das Einsetzungsverfahren zu verwenden, ist häufig anstrengend und gerade bei LGS mit mehr als nur drei Gleichungen zudem schnell unübersichtlich. Deshalb verwendet man es meist erst, wenn schon Lösungen für ein paar Variablen durch den Einsatz des **Additionsverfahrens** bekannt geworden sind.

Bei diesem Verfahren möchte man zwei Gleichungen „aufeinander addieren", um so eine leichtere Struktur zu erhalten. Zunächst verdeutlichen wir uns an einem Beispiel, wie und warum das Verfahren an sich funktioniert.

Beispiel:
Wie zuvor betrachten wir das folgende LGS:

$$\begin{cases} x - 2y + 5z = 8 \\ x + y + 3z = 1 \\ 3x + 3y - z = 2 \end{cases}$$

Wir kürzen den Term $x-2y+5z$ (siehe erste Zeile des LGS) mit T_1 und $x+y+3z$ mit T_2 ab. Es wird verlangt, dass $T_1 = 8$ und $T_2 = 1$ sind. Somit muss dann gelten, dass die Summe 9 ergibt, also $T_1 + T_2 = 9$. Genauso könnten wir aber auch den ersten Term mit -1 multiplizieren (also wäre dann $-T_1 = -8$) und ihn anschließend zum zweiten Term addieren, so ergäbe sich $-T_1 + T_2 = -7$. ▲

Kurz gesagt ist es also zulässig, eine Zeile mit einer reellen Zahl ($\neq 0$) zu multiplizieren und auf eine andere Zeile zu addieren, ohne dass sich die Lösungsmenge des LGS dadurch ändert.
Der wahre Nutzen des Verfahrens zeigt sich, wenn man zwei Zeilen so verrechnet, dass dabei zumindest eine Variable in einer der beiden Zeilen entfällt.

Beispiel:
Es gibt viele Möglichkeiten, das Verfahren auf dasselbe LGS anzuwenden. In unserem LGS

$$\begin{cases} x - 2y + 5z = 8 & (I) \\ x + y + 3z = 1 & (II) \\ 3x + 3y - z = 2 & (III) \end{cases}$$

könnte man beispielsweise die erste Zeile mit (-1) multipliziert auf die zweite Zeile addieren (kurz: $(-1) \cdot I + II$), sodass $-x + x$ sich gegenseitig aufheben und die Unbekannte x aus der zweiten Zeile verschwindet. Man verändert nur die Zeile, auf die addiert wird, hier also die zweite Zeile:

$$\begin{cases} x - 2y + 5z = 8 \\ x + y + 3z = 1 \\ 3x + 3y - z = 2 \end{cases}$$

$$\overset{II_{\text{neu}}=(-1)\cdot I+II}{\Leftrightarrow} \begin{cases} x - \quad 2y + \quad 5z = \quad 8 \\ (-x+x) + (2y+y) + (-5z+3z) = -8+1 \\ 3x + \quad 3y - \quad z = \quad 2 \end{cases}$$

$$\Leftrightarrow \begin{cases} x - 2y + 5z = 8 \\ 0x + 3y - 2z = -7 \\ 3x + 3y - z = 2 \end{cases}$$

Wir bemerken, dass in der zweiten Zeile nun kein x mehr vorkommt. ▲

Ziel dieses Verfahrens ist es, das LGS zu vereinfachen und „nützliche Nullen" zu erzeugen, also Variablen aus einzelnen Zeilen des Gleichungssystems zu eliminieren, wie es gerade bei dem x hier geschehen ist. Wir werden das Verfahren gleich noch ausführlich anwenden. Vermutlich werden Sie das Additionsverfahren auch noch an anderen Stellen im Studium verwenden (z. B. Determinantenberechnung).

Anmerkung:
In manchen Büchern sieht man auch, dass Gleichungen voneinander subtrahiert werden (also im Beispiel: $T_2 - T_1$). Erfahrungsgemäß werden beim Subtrahieren jedoch schneller Rechenfehler im Kopf gemacht als beim Addieren. Daher sollte man lieber eine Zeile erst mit -1 multiplizieren und dann die beiden Zeilen addieren, anstatt eine Subtraktion vorzunehmen. Es läuft natürlich auf dasselbe Ergebnis hinaus, aber verursacht meist weniger Rechenfehler.

Verständnisfrage 18
Lösen Sie folgendes LGS allein durch den Einsatz des Additionsverfahrens.

$$\begin{cases} -x - 2y = 3 \\ 3x + y = 1 \end{cases}$$

■

3.2.1.3 Lösen von LGS durch Kombination der beiden Verfahren

Wir bringen nun beide Verfahren zusammen und lösen das LGS.

Beispiel:
Das bekannte LGS

$$\begin{cases} x - 2y + 5z = 8 \\ x + y + 3z = 1 \\ 3x + 3y - z = 2 \end{cases}$$

werden wir zunächst mit dem Additionsverfahren etwas vereinfachen. Wie bereits gezeigt, multiplizieren wir die erste Zeile mit (-1) und addieren sie auf die zweite Zeile. Dies führt zu:

$$\begin{cases} x - 2y + 5z = 8 \\ 3y - 2z = -7 \\ 3x + 3y - z = 2 \end{cases}$$

Nun multiplizieren wir die erste Zeile mit (-3) und addieren sie auf die dritte Zeile. Somit erhalten wir:

$$\begin{cases} x - 2y + 5z = 8 \\ 3y - 2z = -7 \\ 9y - 16z = -22 \end{cases}$$

Beim Lösen von LGS gibt es viele Wege, die zum selben Ergebnis führen und mitunter nur eine Geschmacksfrage sind. Hier könnte man nun beispielsweise die zweite Zeile nutzen, um in der dritten das y oder das z zu eliminieren. Ebenso könnte man auch auf die erste Zeile rechnen, um dort eine Variable zu eliminieren. Wir wählen hier nun folgenden (klassischen) Weg: Wir multiplizieren die zweite Zeile mit -3 und addieren sie auf die dritte Zeile. Dies ergibt:

$$\begin{cases} x - 2y + 5z = 8 \\ 3y - 2z = -7 \\ - 10z = -1 \end{cases}$$

Wir können aus der dritten Zeile nun sofort folgern, dass $z = \frac{1}{10}$ ist. Dann können wir durch Rückwärtseinsetzung in die zweite Zeile erfahren, dass:

$$3y - 2 \cdot \frac{1}{10} = -7 \Leftrightarrow 3y = \frac{-68}{10} \Leftrightarrow y = -\frac{68}{30} = -\frac{34}{15}$$

Einsetzen beider Lösungen in die erste Zeile liefert wieder:

$$x = 2y - 5z + 8 \Leftrightarrow x = 2 \cdot \left(-\frac{34}{15}\right) - 5 \cdot \frac{1}{10} + 8 = \frac{-136 - 15 + 240}{30} = \frac{89}{30}$$

Die eindeutige Lösung lautet also erwartungsgemäß:

$$(x, y, z) = \left(\frac{89}{30}, -\frac{34}{15}, \frac{1}{10}\right) \approx (2.97, -2.27, 0.1)$$ ▲

Verständnisfrage 19
Lösen Sie folgendes LGS durch Anwendung des Additionsverfahrens mit anschließender Rückwärtseinsetzung.

$$\begin{cases} 2x - 3y = 8 \\ 4x + y = 2 \end{cases}$$

■

3.2.2 Unendlich viele Lösungen

Im Fall, dass wir nur eine Gleichung, aber drei Unbekannte haben, haben wir uns bereits angesehen, wie man den (unendlichen) Lösungsraum darstellt. Wie verhält es sich aber bei mehr als einer Gleichung? Damit es mehr als eine eindeutige Lösung gibt, müssen die Schnittmengen der Lösungsräume natürlich auch mehr als nur einen Punkt enthalten. So könnte der Schnitt eine Gerade sein.

Beispiel:
Gegeben sei folgendes LGS mit drei Unbekannten, aber nur zwei Gleichungen.

$$\begin{cases} x - 2y + 5z = 8 \\ x + y + 3z = 1 \end{cases}$$

Wir probieren zunächst wie üblich vorzugehen, multiplizieren die erste Zeile mit (-1) und addieren sie auf die zweite. Das Ergebnis ist:

$$\begin{cases} x - 2y + 5z = 8 \\ \phantom{x - {}} 3y - 2z = -7 \end{cases}$$

Wir können hier nicht wie gewohnt fortfahren, da uns eine dritte Zeile fehlt. Allerdings können wir wieder den „Trick" anwenden, den wir bereits kennen: Wir setzen $z = \lambda \in \mathbb{R}$ als Parameter beliebig, aber fest und stellen die zweite Gleichung nach y um.

$$3y - 2\lambda = -7 \Leftrightarrow y = -\frac{7}{3} + \frac{2}{3}\lambda$$

Jetzt können wir durch Rückwärtseinsetzung auch das x in der ersten Gleichung bestimmen:

$$x - 2y + 5\lambda = 8 \Leftrightarrow x = 8 - 5\lambda + 2\left(-\frac{7}{3} + \frac{2}{3}\lambda\right) = \frac{10}{3} - \frac{11}{3}\lambda$$

Als Lösungsraum für dieses LGS ergibt sich damit:

$$\begin{pmatrix} x \\ y \\ z \end{pmatrix} = \begin{pmatrix} \frac{10}{3} - \frac{11}{3}\lambda \\ -\frac{7}{3} + \frac{2}{3}\lambda \\ \lambda \end{pmatrix} = \begin{pmatrix} \frac{10}{3} \\ -\frac{7}{3} \\ 0 \end{pmatrix} + \lambda \begin{pmatrix} -\frac{11}{3} \\ \frac{2}{3} \\ 1 \end{pmatrix} \qquad \text{mit } \lambda \in \mathbb{R}.$$

Dies ist, wie als Schnittmenge von zwei Ebenen meist zu erwarten, eine Gerade im dreidimensionalen Raum. Das Gleiche kann auch passieren, wenn man drei Gleichungen betrachtet. Ein Extremfall würde eintreten, wenn alle drei Ebenengleichungen lediglich Vielfache voneinander wären, so würde sich als Schnittmenge (also als Lösungsraum) eben genau diese eine Ebene ergeben. ▲

Verständnisfrage 20
Bestimmen Sie den Lösungsraum von folgendem LGS:

$$\begin{cases} -x - 2y + z = 4 \\ 2x + 6y + 2z = 6 \end{cases}$$

■

3.2.3 Keine Lösung

Wenn wenigstens zwei der Lösungsebenen (bzw. Lösungsgeraden) der einzelnen Gleichungen parallel zueinander liegen, so kann es keine Lösung geben, da es keinen gemeinsamen Schnitt gibt.

Beispiel:

$$\begin{cases} x - 2y + 5z = 8 \\ -2x + 4y - 10z = 1 \end{cases}$$

Wir addieren das Doppelte der ersten Zeile auf die zweite und erhalten:

$$\begin{cases} x - 2y + 5z = 8 \\ 0 = 17 \end{cases}$$

Dies ist jedoch ein Widerspruch (da $0 \neq 17$). Somit kann es keine Lösung für dieses Gleichungssystem geben, denn unabhängig davon, welche Werte wir für x, y, z eingeben würden, sie würden niemals beide Gleichungen gleichzeitig erfüllen können. ▲

Das allgemeine Verfahren für lineare Gleichungssysteme besteht also stets darin, die eindeutige Lösung nach Möglichkeit zu berechnen. Gelingt uns dies nicht, so zeigt sich entweder ein Widerspruch im LGS und es hat somit keine Lösung, oder es gibt unendlich viele Lösungen. Dann müssen wir den Lösungsraum wie gezeigt per „Trick" bestimmen.

3.3 Matrizen und das Gauß-Verfahren

Eventuell ist Ihnen bereits aufgefallen, dass die Variablen selbst nur bedingt wichtig sind, um die Lösung auszurechnen, sofern man sie stets untereinander schreibt. Es kommt eigentlich nur auf die **Koeffizienten**, d. h. die Zahlen (Vorfaktoren) vor den Variablen, an. Die **Matrix-Schreibweise** erspart uns viel Schreibarbeit und erleichtert auch das Rechnen, da sie unseren Blick auf das Wesentliche fokussiert.

3.3.1 Die Matrix-Schreibweise

Zunächst bringen wir die Variablen in jeder Gleichung in die richtige Reihenfolge, d. h. x steht unter x, y unter y und so weiter – sofern das nicht bereits vorliegt. In der Matrix notieren wir dann nur noch die Koeffizienten.

Beispiel:
Wir sortieren zunächst folgendes LGS so um, dass alle Variablen auf der linken Seite sind, alle Konstanten rechts und dieselben Variablen jeweils untereinander stehen.

$$\begin{cases} 7z & = 2y+5 \\ x+3y & = 9 \\ -4x+6y-z & = -8 \end{cases} \Leftrightarrow \begin{cases} \quad -2y+7z = \ \ 5 \\ x+3y \qquad = \ \ 9 \\ -4x+6y- \ z = -8 \end{cases}$$

In der ersten Zeile gibt es kein x, hier könnte man auch $0x$ notieren (ebenso $0z$ in der zweiten Zeile). Übertragen wir nun die Koeffizienten in eine Matrix und zeichnen statt den Gleichheitszeichen einen langen senkrechten Strich, so ergibt sich:

$$\begin{cases} \quad -2y+7z = \ \ 5 \\ x+3y \qquad = \ \ 9 \\ -4x+6y- \ z = -8 \end{cases} \Leftrightarrow \left(\begin{array}{ccc|c} 0 & -2 & 7 & 5 \\ 1 & 3 & 0 & 9 \\ -4 & 6 & -1 & -8 \end{array}\right)$$

▲

Eine zu der im Beispiel äquivalente Schreibweise wäre übrigens auch folgende:

$$\begin{pmatrix} 0 & -2 & 7 \\ 1 & 3 & 0 \\ -4 & 6 & -1 \end{pmatrix} \begin{pmatrix} x \\ y \\ z \end{pmatrix} = \begin{pmatrix} 5 \\ 9 \\ -8 \end{pmatrix}$$

Dies erfordert jedoch Wissen über den Umgang mit Matrizen und Vektoren, welches erst in den kommenden Mathematikveranstaltungen im Studium aufgebaut wird. Wir bleiben daher bei der ersten Schreibweise (mit dem senkrechten Strich).

Verständnisfrage 21
Überführen Sie folgendes LGS in Matrix-Schreibweise:

$$\begin{cases} -y & = 2x-3z \\ -8z+5y & = -1 \\ 3z & = 9 \end{cases}$$

■

3.3.2 Das Gauß-Verfahren

Das **gaußsche Eliminationsverfahren**, kurz Gauß-Verfahren genannt, ist ein Algorithmus zum Lösen von linearen Gleichungssystemen. Er kann (bei nicht zu großen LGS) wunderbar von Hand verwendet werden. Die notwendigen Werkzeuge stehen uns bereits zur Verfügung: das Additions- und das Einsetzungsverfahren. Wir übertragen diese nun lediglich auf die Matrix-Schreibweise.
Ziel des Gauß-Verfahrens ist es, eine sogenannte „obere Dreiecksgestalt“ (oder „Treppenstufenform“) zu erreichen. Das bedeutet, dass im besten Falle am Ende des Verfahrens alle Zahlen im linken Bereich (also links vom senkrechten Strich) unterhalb der Diagonale Null sind. Der Endzustand sollte also so aussehen (hier am Beispiel von LGS mit zwei (bzw. drei) Gleichungen und Variablen, $*$ steht jeweils für eine beliebige reelle Zahl):

$$\left(\begin{array}{cc|c} * & * & * \\ \mathbf{0} & * & * \end{array}\right) \quad \text{bzw.} \quad \left(\begin{array}{ccc|c} * & * & * & * \\ \mathbf{0} & * & * & * \\ \mathbf{0} & \mathbf{0} & * & * \end{array}\right)$$

Ist diese Form erreicht, so kann man aus der untersten Zeile sofort die Lösung für die letzte Variable ablesen und anschließend per Rückwärtseinsetzung alle anderen Lösungen ebenfalls berechnen. Kann diese Treppenstufenform nicht erreicht werden, so ist das LGS nicht oder nicht eindeutig lösbar. Damit beschäftigen wir uns gleich noch.

3.3.2.1 Gauß-Verfahren bei eindeutiger Lösung

Hat das LGS eine eindeutige Lösung, so führt uns das Gauß-Verfahren ohne nennenswerte Schwierigkeiten direkt zu ihr hin.

Beispiel:
Wir betrachten ein LGS, diesmal jedoch direkt in Matrix-Gestalt. Damit man leichter nachvollziehen kann, wie gerechnet wird, zeichnet man rechts Pfeile an. Der Pfeil zeigt immer auf die Zeile, auf die addiert wird. Im ersten Schritt multiplizieren wir also die erste Zeile mit (-1) und addieren sie anschließend auf die zweite Zeile und erzeugen so die gewünschte Null (siehe zweite Zeile, erste Spalte). Es wird immer nur die Zeile geändert, auf die der Pfeil zeigt.

$$\left(\begin{array}{ccc|c} 1 & -2 & 5 & 8 \\ 1 & 1 & 3 & 1 \\ 3 & 0 & -1 & -2 \end{array}\right) \begin{array}{l} \mid\cdot(-1) \\ \leftarrow + \\ \end{array} \Leftrightarrow \left(\begin{array}{ccc|c} 1 & -2 & 5 & 8 \\ 0 & 3 & -2 & -7 \\ 3 & 0 & -1 & -2 \end{array}\right) \begin{array}{l} \mid\cdot(-3) \\ \\ \leftarrow + \end{array}$$

Im zweiten Schritt wollen wir nun in der dritten Zeile aus der 3 eine Null machen. Dazu rechnen wir das (-3)-fache der ersten Zeile auf die dritte. Wir verlieren dabei die eigentlich schöne Null in der Mitte der dritten Zeile, aber das soll uns erst einmal nicht weiter stören.

$$\left(\begin{array}{ccc|c} 1 & -2 & 5 & 8 \\ 0 & 3 & -2 & -7 \\ 0 & 6 & -16 & -26 \end{array}\right) \begin{array}{l} \\ \mid\cdot(-2) \\ \leftarrow + \end{array} \Leftrightarrow \left(\begin{array}{ccc|c} 1 & -2 & 5 & 8 \\ 0 & 3 & -2 & -7 \\ 0 & 0 & -12 & -12 \end{array}\right)$$

Um die Treppenstufenform zu erhalten, rechnen wir noch das (-2)-fache der zweiten Zeile auf die dritte. Normalerweise übersetzt man die Matrix-Gestalt nicht zurück in das Gleichungssystem, aber wir machen das hier ausnahmsweise, um besser nachzuvollziehen, was nun passiert:

$$\left\{\begin{array}{rrrr} x - & 2y + & 5z = & 8 \\ & 3y - & 2z = & -7 \\ & - & 12z = & -12 \end{array}\right.$$

Aus der dritte Zeile kann man sofort folgern, dass $z = 1$ ist. Dies setzen wir in die zweite Zeile ein und erhalten:

$$3y - 2\cdot 1 = -7 \Leftrightarrow 3y = -5 \Leftrightarrow y = -\frac{5}{3}$$

Und beides in die erste Zeile eingesetzt ergibt:

$$x - 2\cdot\left(-\frac{5}{3}\right) + 5\cdot 1 = 8 \Leftrightarrow x = -\frac{1}{3}$$

Die eindeutige Lösung des LGS ist somit $(x, y, z) = \left(-\frac{1}{3}, -\frac{5}{3}, 1\right)$. ▲

Verständnisfrage 22
Lösen Sie das folgende LGS erneut, jedoch diesmal in Matrix-Gestalt mit dem Gauß-Verfahren:

$$\begin{cases} 2x - 3y = 8 \\ 4x + y = 2 \end{cases}$$

■

Was aber passiert beim Gauß-Verfahren, wenn das LGS unendlich viele oder gar keine Lösung besitzt? Schauen wir es uns an.

3.3.2.2 Gauß-Verfahren bei unendlich vielen Lösungen

Hat man mehr Variablen als Gleichungen, so hat das LGS meistens unendlich viele Lösungen (es kann theoretisch auch keine Lösung haben, falls ein Widerspruch entsteht). Wir betrachten im Folgenden ein Beispiel, in dem wir auf den ersten Blick so viele Variablen wie Gleichungen vorliegen haben und das LGS dennoch unendlich viele Lösungen besitzt.

Beispiel:
Bevor wir rechnen, werfen wir einen Blick auf das LGS. Dank der Matrix-Gestalt können wir leicht erkennen, dass die dritte Zeile lediglich das Doppelte der zweiten Zeile ist.

$$\left(\begin{array}{ccc|c} 1 & -2 & 5 & 8 \\ 1 & 1 & 3 & 1 \\ 2 & 2 & 6 & 2 \end{array}\right) \begin{array}{l} \\ |\cdot(-2) \\ \leftarrow + \end{array} \Leftrightarrow \left(\begin{array}{ccc|c} 1 & -2 & 5 & 8 \\ 1 & 1 & 3 & 1 \\ 0 & 0 & 0 & 0 \end{array}\right) \begin{array}{l} |\cdot(-1) \\ \leftarrow + \\ \\ \end{array}$$

Es entsteht eine Nullzeile. Die dritte Zeile enthielt also faktisch keine neuen Informationen und ist damit obsolet. Wir gehen aber weiterhin vor wie gewohnt.

$$\left(\begin{array}{ccc|c} 1 & -2 & 5 & 8 \\ 0 & 3 & -2 & -7 \\ 0 & 0 & 0 & 0 \end{array}\right)$$

Wir erkennen, dass uns eine Gleichung fehlt, um eine eindeutige Lösung berechnen zu können. Also setzen wir beispielsweise $z = \lambda \in \mathbb{R}$ beliebig, aber fest und entnehmen der zweite Zeile:

$$3y - 2\lambda = -7 \Leftrightarrow y = -\frac{7}{3} + \frac{2}{3}\lambda$$

Und aus der ersten Zeile können wir nun folgern:

$$x - 2\left(-\frac{7}{3} + \frac{2}{3}\lambda\right) + 5\lambda = 8 \Leftrightarrow x = \frac{10}{3} - \frac{11}{3}\lambda$$

Der Lösungsraum ist geometrisch gesehen eine Gerade im dreidimensionalen Raum und hat die Gestalt:

$$\begin{pmatrix} x \\ y \\ z \end{pmatrix} = \begin{pmatrix} \frac{10}{3} - \frac{11}{3}\lambda \\ -\frac{7}{3} + \frac{2}{3}\lambda \\ \lambda \end{pmatrix} = \begin{pmatrix} \frac{10}{3} \\ -\frac{7}{3} \\ 0 \end{pmatrix} + \lambda \begin{pmatrix} -\frac{11}{3} \\ \frac{2}{3} \\ 1 \end{pmatrix}$$

▲

Verständnisfrage 23
Lösen Sie das folgende LGS in Matrix-Gestalt mit dem Gauß-Verfahren:

$$\begin{cases} 2x - 3y = 8 \\ 4x - 6y = 16 \end{cases}$$

■

3.3.2.3 Gauß-Verfahren bei keiner Lösung

Entsteht ein Widerspruch während des Gauß-Verfahrens, so hat das LGS keine Lösung.

Beispiel:

$$\left(\begin{array}{ccc|c} 1 & -2 & 5 & 8 \\ 1 & 1 & 3 & 1 \\ 2 & 2 & 6 & 5 \end{array}\right) \begin{array}{l} \\ |\cdot(-2) \\ \longleftarrow + \end{array} \Leftrightarrow \left(\begin{array}{ccc|c} 1 & -2 & 5 & 8 \\ 1 & 1 & 3 & 1 \\ 0 & 0 & 0 & 3 \end{array}\right)$$

Die dritte Zeile liefert einen Widerspruch (0 = 3), also hat das LGS keine Lösung. ▲

Verständnisfrage 24
Lösen Sie das folgende LGS in Matrix-Gestalt mit dem Gauß-Verfahren:

$$\begin{cases} 2x - 3y = 8 \\ 4x - 6y = 1 \end{cases}$$

■

3.4 Präsenzaufgaben

Bearbeiten Sie die folgenden Aufgaben möglichst allein oder bei Schwierigkeiten in Kleingruppen. Bitte benutzen Sie keine Hilfsmittel wie Taschenrechner o. ä., sofern die Aufgabe dies nicht explizit erlaubt. Rechnen Sie stets mit Brüchen, um Ihre Bruchrechenfähigkeiten zu trainieren.

Aufgabe 1 (Gleichungen aufstellen)
Beschreiben Sie folgende Fragestellungen in Form von linearen Gleichungen bzw. Gleichungssystemen. Geben Sie auch stets an, wie viele Gleichungen und wie viele Unbekannte vorliegen. Das Lösen der Gleichungen wird in dieser Aufgabe nicht gefordert, allerdings sollen Sie die Gleichungen so aufschreiben, dass man später damit gut weiter rechnen könnte (Sortierung).

a) Die Summe von dem Fünffachen einer Zahl und der Hälfte einer anderen Zahl soll 12 sein.
b) Zwei Objekte sollen so entwickelt werden, dass das eine Objekt zwar doppelt so schwer ist wie das andere, jedoch muss die Gewichtsdifferenz exakt 10 kg betragen.
c) Gesucht ist die Menge an Punkten (x, y), die auf einer Gerade mit Steigung 3 und Ordinatenachsenabschnitt -2 liegen.

d) Die Summe von drei Zahlen soll 1 ergeben, während gleichzeitig die Differenz der ersten und der dritten Zahl 2 sein soll. Weiterhin sollen das Vierfache der dritten Zahl und die Differenz der zweiten und der ersten Zahl zusammen −3 ergeben.

Aufgabe 2 (Einsetzungsverfahren)
Die folgenden Gleichungssysteme sind eindeutig lösbar. Lösen Sie sie nur mit Hilfe des Einsetzungsverfahrens, und zwar noch ohne die Matrix-Schreibweise zu verwenden. Machen Sie auch die Probe.

a)

$$\begin{cases} x - 2y = 0 \\ x - y = 10 \end{cases}$$

b)

$$\begin{cases} x + y + z = 1 \\ x - z = 2 \\ -x + y + 4z = -3 \end{cases}$$

c) Besteht das LGS aus nur wenigen Zeilen und sind die Koeffizienten einfach, wie in den Teilaufgaben zuvor, so bietet sich das Einsetzungsverfahren an. Meistens sind die Koeffizienten jedoch nicht so simpel, sondern bestehen aus Brüchen, Wurzeln oder trigonometrischen Funktionen (z. B. bei LGS in der Statik, siehe Kräftezerlegung). Führen Sie zu folgendem LGS ein paar Schritte des Einsetzungsverfahrens durch, bis Ihnen klar wird, weshalb das Einsetzungsverfahren für sich allein nicht immer die beste Wahl ist:

$$\begin{cases} \frac{2}{3}x - 4y + \sqrt{2}z = -11 \\ -3x + \frac{1}{5}y - \sin(32)z = 5 \\ -2x + 3y - 4z = -3 \end{cases}$$

Aufgabe 3 (Additionsverfahren)
Lösen Sie die folgenden (eindeutig lösbaren) LGS mit Hilfe des Additions- und des Einsetzungsverfahrens, wobei das Einsetzungsverfahren stets erst am Ende verwendet werden soll (Rückwärtseinsetzung).

a)

$$\begin{cases} x - 3y = 7 \\ 2x - y = 4 \end{cases}$$

b)

$$\begin{cases} 3x - 2y = -2 \\ 2x - 5y = -16 \end{cases}$$

c)

$$\begin{cases} x + y + 2z = -3 \\ 3x - 2y + z = -4 \\ x - y + z = -4 \end{cases}$$

Aufgabe 4 (Matrix-Schreibweise)
Wie lauten die folgenden LGS in Matrix-Schreibweise bzw. in der Gleichungsschreibweise?

a)

$$\begin{cases} 3x - 2y + \frac{2}{3}z = 7 \\ -x \qquad\quad - z = 0 \\ \qquad \frac{1}{5}y - 4z = 2 \end{cases}$$

b)

$$\left(\begin{array}{ccc|c} 1 & -2 & 5 & 4 \\ -2 & 1 & -3 & 1 \\ 3 & -1 & 1 & -3 \end{array}\right)$$

c)

$$\begin{cases} -5y + x - z = -2 \\ -z = 2y - \frac{2}{5} + \frac{1}{2}x \end{cases}$$

d)

$$\left(\begin{array}{cccc|c} -5 & -2 & 5 & -2 & 9 \\ 0 & 3 & -4 & 1 & 2 \\ 0 & 0 & 1 & 5 & 1 \\ 0 & 0 & 0 & 2 & -4 \end{array}\right)$$

Aufgabe 5 (Gauß-Verfahren Teil 1)
Lösen Sie die folgenden LGS über das Gauß-Verfahren (in Matrix-Schreibweise). Geben Sie stets den Lösungsraum an.

a)

$$\left(\begin{array}{ccc|c} 1 & 1 & 0 & -1 \\ 3 & -2 & 1 & 9 \\ -1 & -1 & 1 & 3 \end{array}\right)$$

b)

$$\left(\begin{array}{ccc|c} -2 & 1 & 1 & 3 \\ 1 & 3 & 1 & 1 \\ 0 & 7 & 3 & 4 \end{array}\right)$$

Aufgabe 6 (Gauß-Verfahren Teil 2)
Lösen Sie die folgenden LGS über das Gauß-Verfahren (Matrix-Schreibweise). Geben Sie stets den Lösungsraum an.

a)

$$\left(\begin{array}{cc|c} 1 & 3 & -2 \\ -3 & -9 & 6 \end{array}\right)$$

b)

$$\left(\begin{array}{ccc|c} -2 & 1 & 1 & 3 \\ 1 & 3 & 1 & 1 \\ 0 & 7 & 3 & 5 \end{array}\right)$$

Aufgabe 7 (Eigene Beispiele)
Geben Sie jeweils ein eigenes Beispiel für ein LGS mit zwei Zeilen und zwei Unbekannten in Matrix-Schreibweise an, welches a) keine Lösung, b) genau eine Lösung beziehungsweise c) unendlich viele Lösungen besitzt. Die Beispiele sollen dabei möglichst einfach sein, sodass man ohne weitere Rechnungen sofort sehen kann, dass sie wirklich den Anforderungen genügen.

Zusatzaufgabe 8 (Parameter)
Ein LGS nennt man homogen, wenn die rechte Seite (hinter dem Gleichheitszeichen) nur aus Nullen besteht. Lösen Sie das folgende homogene LGS in Abhängigkeit vom Parameter $t \in \mathbb{R}$. Für welche Werte von t hat das LGS genau eine bzw. unendlich viele Lösungen? Wieso kann ein homogenes LGS niemals keine Lösung haben?

$$\left(\begin{array}{cc|c} 1 & -3 & 0 \\ 2 & t & 0 \end{array}\right)$$

Zusatzaufgabe 9 (Die Ebene mit λ und μ)
Lösen Sie die folgende lineare Gleichung und bestimmen Sie den Lösungsraum:

$$2x + 6y - 10z = 14$$

3.5 Übersicht

Schauen Sie sich bitte bei Bedarf die Details zu den Verfahren im Skript bzw. in Ihrer Mitschrift an.

- Einsetzungsverfahren: Stelle Gleichung nach einer Variable um und setze dies in die anderen Gleichungen ein.
- Additionsverfahren: Addiere das Vielfache einer Gleichung auf eine andere und lösche so Variablen.
- Matrix enthält die Koeffizienten (Vorfaktoren) der Variablen (bzw. rechts nach dem senkrechten Strich noch die Konstanten)
- Gauß-Verfahren: Bringe Matrix auf Dreiecksgestalt via Additions- und Einsetzungsverfahren. Erhalte Lösung durch Rückwertseinsetzung.
- LGS kann keine Lösung (Widerspruch im System), unendlich viele Lösungen („Nullzeile") oder genau einen Lösungsvektor haben.

3.6 Lösungen zu den Verständnisfragen

(16) Lineare Gleichungen
Die Gleichung[1] lautet:

$$1.05x + 1.03y + 1.10z = 12000$$

Wir könnten nun drei Lösungen „raten" oder zwei Variablen als beliebig, aber fest ansehen (hier $z = \lambda > 0$ und $y = \mu > 0$):

$$x = \frac{12000}{1.05} - \frac{1.03}{1.05}\mu - \frac{1.10}{1.05}\lambda$$

Hier wird deutlich, dass wir für jede beliebige Wahl von $\lambda, \mu > 0$ eine Lösung für unsere Gleichung erhalten (also unendlich viele Lösungen). So zum Beispiel:

$$\begin{aligned} \mu = \lambda = 1000 &\Rightarrow x = 9400 \\ \mu = 1000,\ \lambda = 2000 &\Rightarrow x \approx 8352.38 \\ \mu = 3000,\ \lambda = 5000 &\Rightarrow x \approx 3247.62 \end{aligned}$$

Eine mögliche Lösung wäre also z. B. $x \approx 3247.62$, $y = 3000$ und $z = 5000$ (Euro).

(17) Einsetzungsverfahren

$$\begin{cases} -x - 2y = 3 \\ 3x + \ \ y = 1 \end{cases}$$

Die zweite Zeile nach y umgestellt lautet $y = -3x + 1$. Setzen wir dies in die erste Zeile ein, so erhalten wir:

$$-x - 2(-3x+1) = 3 \Leftrightarrow 5x = 5 \Leftrightarrow x = 1$$

Und somit ist $y = -3 \cdot 1 + 1 = -2$. Die eindeutige Lösung lautet also $(x, y) = (1, -2)$. Die Probe zeigt, dass die Lösung korrekt ist, denn das Einsetzen der Lösung in das LGS erzeugt in beiden Zeilen eine wahre Aussage:

$$\begin{aligned} -1 - 2 \cdot (-2) &= 3 \\ 3 \cdot 1 + (-2) &= 1 \end{aligned}$$

(18) Additionsverfahren
Wir addieren das Dreifache der ersten Zeile auf die zweite:

$$\begin{cases} -x - 2y = 3 \\ 3x + \ \ y = 1 \end{cases} \overset{II_{\text{neu}}=3I+II}{\Leftrightarrow} \begin{cases} -x - 2y = 3 \\ \quad\ - 5y = 10 \end{cases} \Leftrightarrow \begin{cases} -x - 2y = 3 \\ \qquad\quad y = -2 \end{cases}$$

Normalerweise würde man nun einfach $y = -2$ in die erste Zeile einsetzen, aber da wir hier ausschließlich das Additionsverfahren anwenden sollen, addieren wir das Doppelte der zweiten Zeile auf die erste und erhalten:

$$\begin{cases} -x - 2y = 3 \\ \qquad y = -2 \end{cases} \overset{I_{\text{neu}}=2II+I}{\Leftrightarrow} \begin{cases} -x \quad = -1 \\ \qquad y = -2 \end{cases}$$

Also erhalten wir wie erwartet die Lösung $(x, y) = (1, -2)$.

[1] Die Konstanten ergeben sich aus den Zinssätzen. So bedeuten beispielsweise 5% Zinsen, dass 5 Prozent des (unbekannten) Geldbetrags x (also $0.05 \cdot x$) auf den Betrag x dazu addiert werden. Das lässt sich kurz schreiben als: $x + 0.05x = 1.05x$.

(19) Lösen von LGS

Wir addieren das (−2)-fache der ersten Zeile auf die zweite:

$$\begin{cases} 2x - 3y = 8 \\ 4x + \ \ y = 2 \end{cases} \Leftrightarrow \begin{cases} 2x - 3y = \ \ 8 \\ \qquad 7y = -14 \end{cases}$$

Aus der zweiten Zeile folgt, dass $y = -2$ ist. Einsetzen in die erste Zeile ergibt:

$$2x - 3 \cdot (-2) = 8 \Leftrightarrow 2x = 2 \Leftrightarrow x = 1$$

Die eindeutige Lösung lautet somit $(x, y) = (1, -2)$.

(20) Unendlich viele Lösungen

Wir addieren das Doppelte der ersten Zeile auf die zweite:

$$\begin{cases} -x - 2y + \ \ z = 4 \\ 2x + 6y + 2z = 6 \end{cases} \Leftrightarrow \begin{cases} -x - 2y + \ \ z = \ \ 4 \\ \qquad 2y + 4z = 14 \end{cases}$$

Wir setzen $z = \lambda \in \mathbb{R}$ beliebig, aber fest und stellen die zweite Zeile nach y um:

$$2y + 4\lambda = 14 \Leftrightarrow y = 7 - 2\lambda$$

Einsetzen in die erste Zeile ergibt:

$$-x - 2(7 - 2\lambda) + \lambda = 4 \Leftrightarrow -x - 14 + 5\lambda = 4 \Leftrightarrow x = -18 + 5\lambda$$

Der Lösungsraum ist geometrisch gesehen eine Gerade und hat die Gestalt:

$$\begin{pmatrix} x \\ y \\ z \end{pmatrix} = \begin{pmatrix} -18 + 5\lambda \\ 7 - 2\lambda \\ \lambda \end{pmatrix} = \begin{pmatrix} -18 \\ 7 \\ 0 \end{pmatrix} + \lambda \begin{pmatrix} 5 \\ -2 \\ 1 \end{pmatrix}$$

(21) Die Matrix-Schreibweise

$$\begin{cases} -y & = 2x - 3z \\ -8z + 5y & = -1 \\ 3z & = 9 \end{cases} \Leftrightarrow \begin{cases} -2x - \ \ y + 3z = \ \ 0 \\ \qquad 5y - 8z = -1 \\ \qquad\qquad 3z = \ \ 9 \end{cases} \Leftrightarrow \left(\begin{array}{ccc|c} -2 & -1 & 3 & 0 \\ 0 & 5 & -8 & -1 \\ 0 & 0 & 3 & 9 \end{array}\right)$$

(22) Gauß-Verfahren bei eindeutiger Lösung

$$\left(\begin{array}{cc|c} 2 & -3 & 8 \\ 4 & 1 & 2 \end{array}\right) \begin{array}{l} | \cdot (-2) \\ \longleftarrow + \end{array} \Leftrightarrow \left(\begin{array}{cc|c} 2 & -3 & 8 \\ 0 & 7 & -14 \end{array}\right)$$

Folglich ist $y = -2$ und durch Rückwärtseinsetzung erhalten wir wieder $x = 1$.

(23) Gauß-Verfahren bei unendlich vielen Lösungen

$$\left(\begin{array}{cc|c} 2 & -3 & 8 \\ 4 & -6 & 16 \end{array}\right) \begin{array}{l} | \cdot (-2) \\ \longleftarrow + \end{array} \Leftrightarrow \left(\begin{array}{cc|c} 2 & -3 & 8 \\ 0 & 0 & 0 \end{array}\right)$$

Wir setzen $y = \lambda \in \mathbb{R}$ beliebig, aber fest und erhalten somit:

$$2x - 3\lambda = 8 \Leftrightarrow x = 4 + \frac{3}{2}\lambda$$

Der Lösungsraum ist eine Gerade im zweidimensionalen Raum und hat die Gestalt:

$$\begin{pmatrix} x \\ y \end{pmatrix} = \begin{pmatrix} 4 + \frac{3}{2}\lambda \\ \lambda \end{pmatrix} = \begin{pmatrix} 4 \\ 0 \end{pmatrix} + \lambda \begin{pmatrix} \frac{3}{2} \\ 1 \end{pmatrix}$$

(24) Gauß-Verfahren bei keiner Lösung

$$\left(\begin{array}{cc|c} 2 & -3 & 8 \\ 4 & -6 & 1 \end{array}\right) \begin{array}{l} | \cdot (-2) \\ \longleftarrow + \end{array} \Leftrightarrow \left(\begin{array}{cc|c} 2 & -3 & 8 \\ 0 & 0 & -15 \end{array}\right)$$

Die letzte Zeile $(0 = -15)$ liefert einen Widerspruch, also hat das LGS keine Lösung.

4 Funktionsbegriff und Ungleichungen

Funktionen sind aus den Ingenieur- und Wirtschaftswissenschaften nicht wegzudenken. Es werden Lösungsfunktionen für physikalische Probleme gesucht oder Gewinne in Abhängigkeit von verschiedenen Kostenfaktoren modelliert. Sie werden vermutlich kaum einen Vorlesungstag erleben, an dem nicht in irgendeiner Form ein funktionaler Zusammenhang untersucht oder erklärt wird.
Auch Ungleichungen, wie wir sie im späteren Verlauf dieses Kapitels behandeln, haben einen beachtlichen Stellenwert. Beispiele aus der Wirtschaft sind Beschränkungsungleichungen in der Produktionsplanung oder Kapazitätsbeschränkungen. In den Natur- und Ingenieurwissenschaften möchte man Fehler- bzw. Toleranzschranken kennen, um beispielsweise Belastungsgrenzen abschätzen zu können. Und generell gibt es viele Probleme, die sich nicht perfekt, sondern nur näherungsweise lösen lassen und man gibt durch Ungleichungen obere Schranken an, wie weit die Schätzung höchstens von der korrekten (aber nicht exakt berechenbaren) Lösung entfernt ist.

4.1 Der Funktionsbegriff

Funktionen, allgemein auch Abbildungen genannt, sind Zuordnungen. Sie ordnen Elementen einer Startmenge jeweils genau ein Element einer Zielmenge zu.

Beispiel:
Wir betrachten die Zuordnung $age: P \to A$ (lies: „Von P nach A.“), wobei die Menge P für Personen steht, die wir kennen, und die Zielmenge A für Altersangaben. Sinnvollerweise soll jeder Person aus P genau ein Alter aus A zugeordnet werden.
Unsere Personen-Menge besteht aus Alina, Bastian, Conni und David. Für das Alter in Jahren kommen für uns nur natürliche Zahlen in Frage. Kennen wir das Alter der vier Personen, so können wir die **Abbildungsvorschrift** konkret angeben. In Bild 4.1 wurde diese über Verbindungspfeile visualisiert.

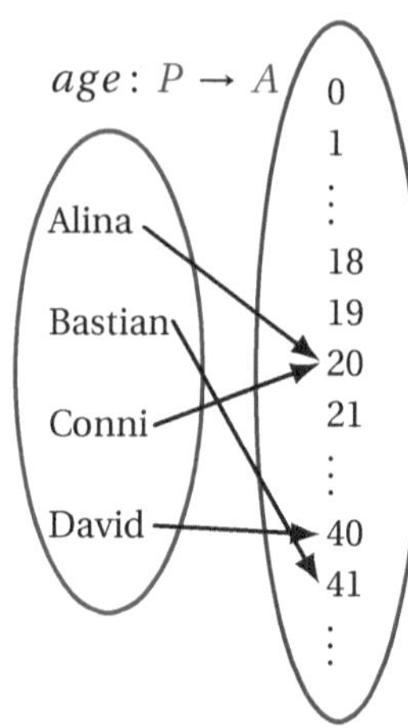

Bild 4.1 Jeder Person wird ihr Alter zugeordnet

Eine Möglichkeit, dies mathematisch auszudrücken, ist:

$$\begin{aligned} age(\text{Alina}) &= 20 \\ age(\text{Bastian}) &= 41 \\ age(\text{Conni}) &= 20 \\ age(\text{David}) &= 40 \end{aligned}$$

Oder wir nutzen eine **Wertetabelle** als kompakte Darstellungsform:

P	Alina	Bastian	Conni	David
age(*P*)	20	41	20	40

Natürlich könnten auch alle Personen gleich alt sein. Im Sinne einer sinnvollen Definition für Abbildungen ist es jedoch nicht erlaubt, dass einer Person zwei verschiedene Alter zugeordnet werden. Dies würde sofort zu einem Widerspruch führen, z. B.:

$$age(\text{Alina}) = 20 \wedge age(\text{Alina}) = 41 \Leftrightarrow 20 = 41 \qquad \text{Widerspruch!}$$

Insbesondere wäre also die Umkehrung unserer Altersfunktion $A \to P$ in dieser Denkart *keine* Abbildung mehr, da ein Alter auf mehrere Menschen abgebildet werden würde. ▲

Kurz gesagt: Eine Abbildung $f: A \to B$ ordnet jedem $a \in A$ *genau ein* $b \in B$ zu. Das verbietet allerdings nicht, dass ein $b \in B$ mehrmals getroffen wird (Alina und Conni dürfen ja auch gleichaltrig sein).

Verständnisfrage 25
Gegeben sei eine Abbildung f : Studierende → Geburtsort, die allen Studierenden einer Hochschule ihren jeweiligen Geburtsort zuordnet. Wenn wir die Umkehrung mit g : Geburtsort → Studierende bezeichnen, können Sie dann davon ausgehen, dass es sich bei g wieder um eine Abbildung im Sinne der Definition handelt? Warum bzw. warum nicht?

■

4.1.1 Definitions- und Wertebereich

Sei $f : A \to B$ eine Abbildung. Wir nennen A den Startraum und B den Zielraum der Abbildung. Durch eine Abbildungsvorschrift wird festgelegt, wie die konkrete Zuordnung aussieht. Die Begriffe Abbildung und Funktion sind synonym, aber man versteht häufig unter Funktionen explizit Abbildungen in den reellen Zahlen.

Beispiel:
$f : \mathbb{R} \to \mathbb{R}$ mit $f(x) = x^2$ ist die bekannte Parabelfunktion. Sie ordnet jeder reellen Zahl ihr Quadrat zu, so ist z. B. $f(3) = 3^2 = 9$. ▲

Der **Definitionsbereich** D_f von f ist eine Teilmenge des Startraums ($D_f \subseteq A$). Hier finden sich exakt die Elemente, die man sowohl abbilden will als auch mathematisch abbilden darf. Wir fokussieren uns hier auf das Dürfen.

Beispiel:
Es sei $f : D_f \subseteq \mathbb{R} \to \mathbb{R}$ mit $f(x) = \frac{1}{x}$. Da der Nenner des Bruchs nie Null sein darf, enthält der Definitionsbereich von f alle reelle Zahlen außer der Null: $D_f = \mathbb{R} \setminus \{0\}$. ▲

Wichtige Merkregeln für Definitionsbereiche:
Will man den Definitionsbereich bestimmen, so genügen meist bereits die folgenden drei Regeln (hier in Kurzform):

- Keine Null im Nenner!
- Quadratwurzeln nur aus Zahlen größer oder gleich Null (≥ 0) ziehen!
- Logarithmus nur von Zahlen echt größer Null (> 0) bilden!

Beispiel:
Es sei $f : D_f \subseteq \mathbb{R} \to \mathbb{R}$ mit $f(x) = \frac{1}{\sqrt{x-1}}$.
Der Bruch verlangt, dass $x \neq 1$ ist. Wegen der Wurzel muss zudem $x \geq 1$ sein. Daher gilt zusammen: $D_f =]1, \infty[$. ▲

Der **Wertebereich** ist die Teilmenge der Zielmenge, die tatsächlich von f getroffen wird. Er ist im Allgemeinen schwieriger zu bestimmen als der Definitionsbereich und verlangt mitunter eine Kurvendiskussion, wie Sie sie vermutlich aus der Schule kennen.

Beispiel:
Es sei $f : \mathbb{R} \to \mathbb{R}$ mit $f(x) = x^2$. Da Quadratzahlen stets größer oder gleich Null sind, ist der Wertebereich $W_f = [0, \infty[$. ▲

Verständnisfrage 26
Wie lauten Definitions- und Wertebereich von $f : D_f \subseteq \mathbb{R} \to \mathbb{R}$ mit $f(x) = \sqrt{x+2}$? ■

4.1.2 Graphische Darstellung

Es sei $f : \mathbb{R} \to \mathbb{R}$ eine Funktion. Die Vorschrift ist entweder über eine Wertetabelle oder durch einen mathematischen Ausdruck gegeben. Den Graphen zeichnen wir in ein Koordinatenkreuz.

Beispiel:
In Bild 4.2 wird die Kehrwertfunktion dargestellt.

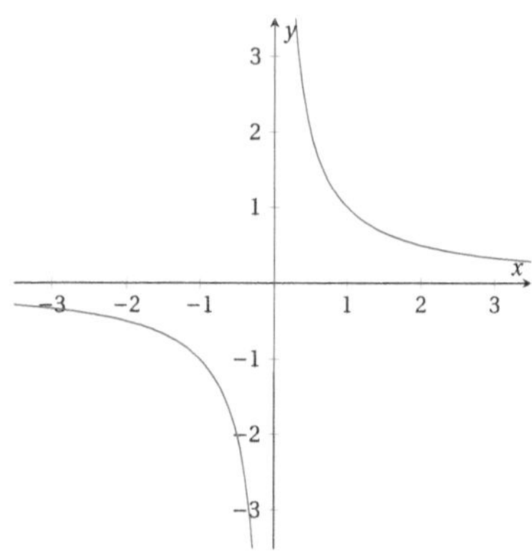

Bild 4.2 Die Funktion $f : \mathbb{R} \setminus \{0\} \to \mathbb{R}$ mit $f(x) = \frac{1}{x}$ ▲

Beispiel:

Wir betrachten $f : \mathbb{R} \to \mathbb{R}$ mit $f(x) = \begin{cases} x, & \text{wenn } x \leq 1 \\ e^{-x+1}, & \text{wenn } x > 1 \end{cases}$.

Man spricht hier von einer stückweise definierten Funktion. Für $x \leq 1$ nimmt sie einfach den Wert x an (z. B. ist $f(-3) = -3$). Für $x > 1$ wird dagegen eine Exponentialfunktion $f(x) = e^{-x+1}$ ausgewertet (z. B. ist $f(2) = e^{-2+1} = e^{1}$). In Bild 4.3 wird der Graph visualisiert. In den Ingenieurwissenschaften werden beispielsweise Einschaltvorgänge durch stückweise definierte Funktionen modelliert.

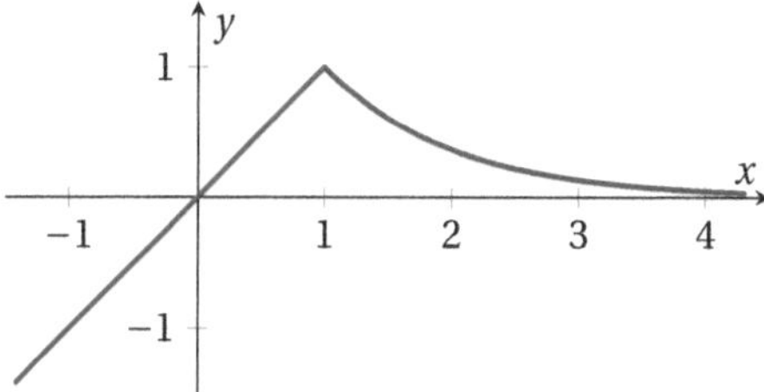

Bild 4.3 Stückweise definierte Funktion ▲

Im Lernprozess skizziert man Funktionsgraphen zunächst möglichst per Hand. Später verwendet man nahezu ausschließlich Software zum sogenannten „Plotten“. Sie kennen eventuell GeoGebra bereits aus der Schule. Weitere Möglichkeiten sind z. B. Matlab, Python, R, Wolfram-Alpha usw. Sie finden bei Bedarf kostenpflichtige wie auch kostenfreie Tools im Internet.

Verständnisfrage 27
Zeichnen Sie die folgende stückweise definierte Funktion und geben Sie Definitions- und Wertebereich an: $f: \mathbb{R} \to \mathbb{R}$ mit

$$f(x) = \begin{cases} -\frac{1}{2}x + 1, & \text{wenn } x \leq 0 \\ 1, & \text{wenn } x \in]0,3] \\ x-2, & \text{wenn } x > 3 \end{cases}$$

■

4.1.3 Lineare Funktionen

Eine **lineare Funktion** hat die allgemeine Form: $f: \mathbb{R} \to \mathbb{R}$ mit $f(x) = mx + n$ mit $m, n \in \mathbb{R}$. Graphisch sind es Geraden mit Steigung m und Schnittpunkt mit der y-Achse bei $n = f(0)$ (dem sogenannten y-Achsenabschnitt). Die Steigung gibt an, wie viele Einheiten der Graph nach oben bzw. unten geht, wenn man eine Einheit nach rechts wandert (positive Steigung: nach oben, negative Steigung: nach unten). Lineare Funktionen werden gerne zum Modellieren komplexerer Zusammenhänge genutzt.

Beispiel:
In Bild 4.4 sehen wir ein Streupunktdiagramm mit Regressionsgerade. Jeder Punkt steht für ein Auto aus dem frei verfügbaren Datensatz mtcars[1]. Auf der x-Achse wird die Leistung abgelesen und auf der y-Achse der Verbrauch (in Liter pro 100 km). Erwartungsgemäß steigt der Verbrauch mit höherer Leistung. Die zugehörige Regressionsgerade ist die lineare Funktion $f: \mathbb{R} \to \mathbb{R}$ mit (gerundet) $f(x) = 0.04x + 6.45$. Dies nennt man auch die **Geradengleichung**. Die Steigung ist $m = 0.04$ und besagt, dass wir bei Erhöhung der Leistung um eine Pferdestärke eine Verbrauchserhöhung um durchschnittlich 0.04 Liter pro 100 km zu erwarten haben. Der y-Achsenabschnitt liegt bei $n = 6.45$ (L/100 km) und hat hier inhaltlich keine Bedeutung, weil ein Fahrzeug mit 0 PS keinen Sinn ergibt. Der y-Achsenabschnitt schiebt die Gerade lediglich an die richtige Höhe. Dank der Funktionsgleichung könnten wir nun auch eine Schätzung über ein Auto abgeben, dass nicht im Datensatz enthalten, aber von ähnlicher Bauart ist. So würde unser Modell bei einem Auto mit z. B. 200 PS schätzen, dass es einen Verbrauch von rund

$$0.04 \cdot 200 + 6.45 = 14.45\,\text{L}/100\,\text{km}$$

hat. Wie gut diese Schätzung ist bzw. sein kann, ist Thema einer Statistik-Veranstaltung und wird an dieser Stelle nicht weiter untersucht. ▲

Eine Gerade ist eindeutig durch zwei Punkte oder durch einen Punkt und die Steigung definiert. Allgemein ist die Steigung einer Gerade definiert durch

$$m = \frac{f(b) - f(a)}{b - a}$$

wobei $a, b \in \mathbb{R}$ beliebig sind, denn die Steigung einer Geraden ist überall konstant gleichbleibend.

[1] Grafik erstellt mit R, Version 4.3.0.

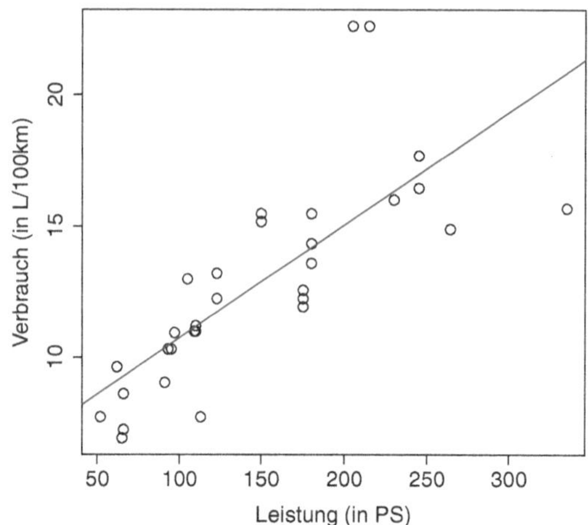

Bild 4.4 Regressionsgerade in Streupunktdiagramm

Der Schnittpunkt mit der y-Achse kann bei jeder (auch nicht-linearen) Funktion durch $n = f(0)$ berechnet werden (sofern $0 \in D_f$). Ist 0 kein Element des Definitionsbereichs, so hat die Funktion keinen y-Achsenabschnitt.

Beispiel:
Wir bestimmen nun die Abbildungsvorschrift einer linearen Funktion, wenn zwei Punkte gegeben sind. Gegeben seien die zwei Punkte $(-2, 5)$ und $(1, -1)$. Wir berechnen zunächst die Steigung:

$$m = \frac{f(b) - f(a)}{b - a} = \frac{-1 - 5}{1 - (-2)} = \frac{-6}{3} = -2$$

Anschaulich heißt das also, wenn wir der Gerade drei Schritte nach rechts folgen wollen, so gehen wir sechs Schritte nach unten. Oder gekürzt: Ein Schritt nach rechts führt zu zwei Schritten nach unten.
Die Funktionsvorschrift lautet somit:

$$f(x) = -2x + n$$

Wir berechnen nun noch den y-Achsenabschnitt n. Da wir $f(0)$ nicht kennen, setzen wir einen der gegebenen Punkte auf der Gerade ein, hier z. B. $(1, -1)$, und stellen die Gleichung nach n um:

$$-1 = f(1) = -2 \cdot 1 + n \Leftrightarrow -1 = -2 + n \Leftrightarrow n = 1$$

Also lautet die gesuchte Funktionsvorschrift $f(x) = -2x + 1$. Der Graph wird zusammen mit einem Steigungsdreieck in Bild 4.5 dargestellt.

Alternativ kann man auch die beiden gegebenen Punkte in die allgemeine Funktionsvorschrift einsetzen, daraus ein lineares Gleichungssystem bilden und dieses lösen, um m und n zu erhalten:

$$\begin{cases} f(-2) & = 5 \\ f(1) & = -1 \end{cases} \Leftrightarrow \begin{cases} -2m + n = & 5 \\ m + n = & -1 \end{cases}$$

▲

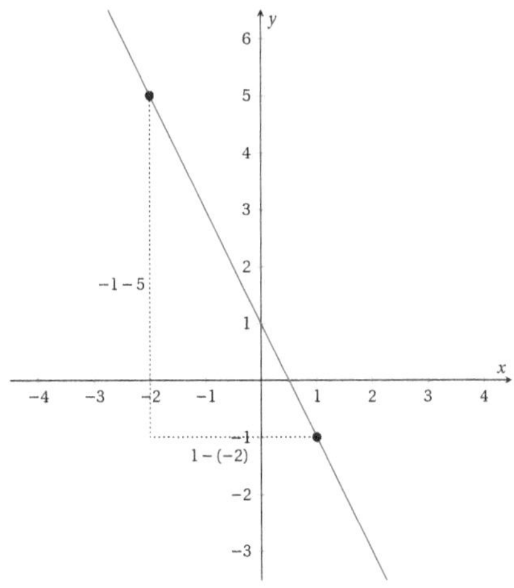

Bild 4.5 Die Funktion $f: \mathbb{R} \to \mathbb{R}$ mit $f(x) = -2x + 1$ und Steigungsdreieck ▲

GeoGebra: LineareFunktion
Sie können durch Verändern der Parameter *m* und *n* erkennen, wie sich diese auf den Funktionsgraphen auswirken. ■

Verständnisfrage 28
Zeichnen Sie eine Gerade, die durch den Koordinatenursprung (0, 0) und den Punkt (1, 2) läuft und bestimmen Sie die Geradengleichung. ■

4.1.4 Quadratische Funktionen

Die allgemeine Form einer **quadratischen Funktion** lautet:

$$f: \mathbb{R} \to \mathbb{R} \quad \text{mit} \quad f(x) = ax^2 + bx + c \quad \text{mit } a, b, c \in \mathbb{R},$$

wobei $a \neq 0$ sein muss, da f sonst linear wäre. Aus dieser Form lässt sich der y-Achsenabschnitt ($f(0) = c$) sofort ablesen. Es kann jedoch nützlicher sein, die Funktionsvorschrift mittels quadratischer Ergänzung in die **Scheitelpunktform** zu überführen:

$$\begin{aligned} ax^2 + bx + c &= a\left(x^2 + \frac{b}{a}x + \frac{c}{a}\right) \\ &= a\left(\left(x + \frac{b}{2a}\right)^2 - \frac{b^2}{4a^2} + \frac{c}{a}\right) \\ &= a\left(\left(x + \frac{b}{2a}\right)^2 + \frac{4ac - b^2}{4a^2}\right) \\ &= a\left(x + \frac{b}{2a}\right)^2 + \frac{4ac - b^2}{4a} \end{aligned}$$

Der Term $\left(x+\frac{b}{2a}\right)^2$ ist aufgrund des Quadrats immer positiv oder Null. Ist $a>0$, so wird also zum konstanten Term $\frac{4ac-b^2}{4a}$ etwas hinzu addiert und die Parabel ist nach oben geöffnet. Der gesamte Funktionsausdruck wird somit dann am kleinsten, wenn

$$\left(x+\frac{b}{2a}\right)^2=0 \Leftrightarrow x=-\frac{b}{2a}.$$

Der Scheitelpunkt S ist hier ein Tiefpunkt und liegt dann bei

$$S=\left(-\frac{b}{2a},\frac{4ac-b^2}{4a}\right).$$

Ist dagegen $a<0$, so ist die Parabel nach unten geöffnet und es handelt sich um den Hochpunkt.

Es ist, wie so oft in der Mathematik, nicht empfehlenswert, die Formel für den Scheitelpunkt auswendig zu lernen. Man sollte lieber verstehen, wie man dort hin kommt (hier also mittels quadratischer Ergänzung).

Beispiel:

Gegeben sei die quadratische Funktion $f:\mathbb{R}\to\mathbb{R}$ mit

$$f(x)=x^2-6x+4=(x-3)^2-9+4=(x-3)^2-5$$

Nach der Überführung in die Scheitelpunktform erkennen wir sofort, dass der Scheitelpunkt bei $S=(3,\ -5)$ liegt. Da hier $a=1>0$ ist, handelt es sich um einen Tiefpunkt.

Auch die Nullstellen der Funktion lassen sich leicht aus der Scheitelpunktform ermitteln:

$$(x-3)^2-5=0 \Leftrightarrow x-3=\pm\sqrt{5} \Leftrightarrow x=\sqrt{5}+3\approx 5.24 \lor x=-\sqrt{5}+3\approx 0.76$$

Der y-Achsenabschnitt liegt bei $f(0)=4$. Der Funktionsgraph wird in Bild 4.6 dargestellt.

▲

GeoGebra: Scheitelpunktform

Sie können die Koeffizienten in der Scheitelpunkt verändern und sehen, welchen Einfluss dies auf den Funktionsgraphen und den Scheitelpunkt hat.

■

Wir bestimmen nun die Abbildungsvorschrift einer quadratischen Funktion, wenn drei Punkte gegeben sind.

Beispiel:

Die Parabel soll durch die Punkte $(1,\ -1)$, $(2,\ -4)$ und $(0,\ 4)$ gehen. Gesucht sind die Koeffizienten $a,\ b,\ c\in\mathbb{R}$ zu $f(x)=ax^2+bx+c$. Wir setzen die gegebenen Punkte in die allgemeine Form ein und erhalten folgendes lineares Gleichungssystem:

$$\begin{cases} f(1) & =-1 \\ f(2) & =-4 \\ f(0) & =4 \end{cases} \Leftrightarrow \begin{cases} a+\ \ b+c=-1 \\ 4a+2b+c=-4 \\ \qquad\quad\ c=\ \ 4 \end{cases}$$

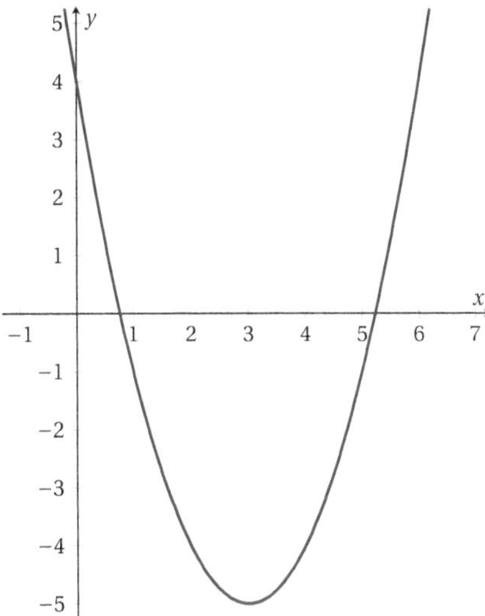

Bild 4.6 Funktionsgraph zu $f : \mathbb{R} \to \mathbb{R}$ mit $f(x) = x^2 - 6x + 4$

Wir können $c = 4$ ablesen, weshalb es auch genügt, nur folgendes LGS zu betrachten:

$$\begin{cases} a + b = -5 \\ 4a + 2b = -8 \end{cases}$$

Es ist vom Aufwand her nahezu egal, wie man solch ein kleines LGS löst. Wir entscheiden uns hier, die erste Zeile mit (-2) multipliziert auf die zweite zu addieren, wodurch wir erfahren, dass

$$2a = 2 \Leftrightarrow a = 1$$

Eingesetzt in die erste Zeile führt dies zu $b = -6$ und wir kennen somit die gesuchte Funktionsvorschrift: $f(x) = x^2 - 6x + 4$. ▲

Verständnisfrage 29
Geben Sie die Abbildungsvorschrift einer Parabel an, die ihren Tiefpunkt bei (2, 1) hat. Tipp: Scheitelpunktform. Ist dies die einzige Parabel mit der geforderten Eigenschaft? ■

4.2 Ungleichungen

Der offensichtlichste Unterschied zwischen einer Gleichung und einer sogenannten **Ungleichung** besteht darin, dass die beiden Terme links und rechts nun nicht mehr durch ein Gleichheitszeichen getrennt sind, sondern durch ein Vergleichszeichen $(<, \leq, >, \geq)$.[2] Bei einer Ungleichung wird also ein Größenverhältnis zwischen zwei Termen untersucht.

Beispiel:
Die dreifache Masse soll größer (oder gleich) der einfachen Masse plus sechs sein. Dies als Ungleichung ausgedrückt ergibt $3x \geq x + 6$. Wir stellen sie nach x um:

$$3x \geq x+6 \Leftrightarrow 2x \geq 6 \Leftrightarrow x \geq 3$$

Der Lösungsraum der Ungleichung ist also $[3, \infty[$. ▲

Beim Lösen von Ungleichungen dürfen wir wie gewohnt auf beiden Seiten der Ungleichung Terme hinzu addieren bzw. subtrahieren. Aber Vorsicht bei der Multiplikation! Die **wichtigste Regel**, die man sich bei Ungleichungen merken muss, lautet: Beim Multiplizieren oder Dividieren der Ungleichung mit einer *negativen* Zahl dreht sich das Vergleichszeichen um!
Der Grund liegt in der Symmetrie der positiven und negativen Zahlen um die Null. Eine Multiplikation mit -1 führt zu einer Spiegelung (vgl. Bild 4.7).

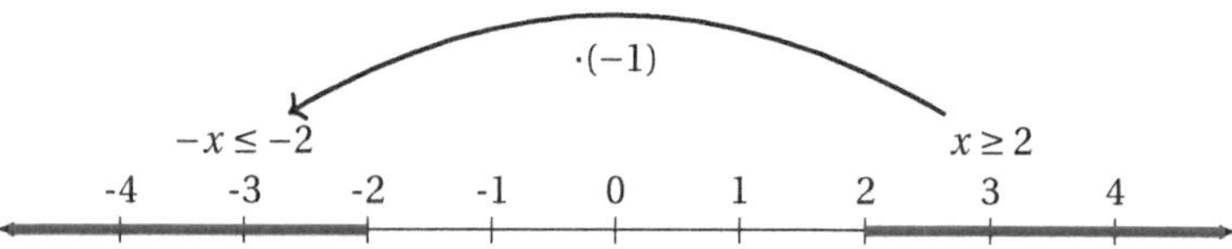

Bild 4.7 Der Bereich $[2, \infty[$ wird durch Multiplikation mit -1 zu $]-\infty, -2]$

Ignoriert man diese Regel, so macht man Fehler wie z. B. $-3 < -2 \overset{\cdot(-1)}{\Leftrightarrow} 3 < 2$. Natürlich gilt $-3 < -2$ und nach Multiplikation der Ungleichung mit der negativen Zahl (-1) muss das Zeichen umgedreht werden, was uns zu der wahren Aussage $3 > 2$ führt.

4.2.1 Lineare Ungleichungen

Lineare Ungleichungen haben die allgemeine Gestalt $ax + b \leq 0$, wobei $\leq$ hier stellvertretend für alle Vergleichszeichen steht.

---

[2] Eigentlich müsste man auch sinnvollerweise das Ungleichheitszeichen $\neq$ hinzunehmen. Rechnerisch gibt es zwischen einer Gleichung mit $=$ und einer mit $\neq$ keinen Unterschied, bei Ungleichungen mit Vergleichszeichen jedoch schon, weshalb wir uns in diesem Abschnitt nur auf letztere konzentrieren.

Beispiel:

$$
\begin{aligned}
& -2x+1 \geq -3 \quad | -1 \\
\Leftrightarrow \quad & -2x \geq -4 \quad | \cdot \left(-\frac{1}{2}\right) \\
\Leftrightarrow \quad & x \leq 2
\end{aligned}
$$

Also lautet die Lösungsmenge $]-\infty, 2]$. Man beachte, dass sich das Zeichen umgedreht hat, da wir mit einer negativen Zahl (hier $-\frac{1}{2}$) multipliziert haben (das Teilen durch −2 hätte natürlich denselben Effekt gehabt). ▲

Verständnisfrage 30
Bestimmen Sie die Lösungsmenge von $-3x-2<10$. ■

4.2.2 Quadratische Ungleichungen

Quadratische Ungleichungen haben die allgemeine Form $ax^2 + bx + c \leq 0$, wobei auch hier $\leq$ wieder stellvertretend für alle Vergleichszeichen steht. Zum Lösen solcher Ungleichungen kann die Linearfaktorisierung ein sehr nützliches Hilfsmittel sein.

Beispiel:
Wir wollen die Lösungsmenge zu $x^2 + x - 2 \geq 0$ bestimmen. Die linearfaktorisierte Form (bitte selbst nachrechnen) lautet:

$$(x-1)(x+2) \geq 0$$

Ein Produkt aus zwei Faktoren ist genau dann größer oder gleich Null, wenn beide Faktoren größer oder gleich Null sind oder wenn beide Faktoren kleiner oder gleich Null sind (man erinnere sich an die Vorzeichentabelle 1.1). Dies führt zu den beiden folgenden Fällen:

- Fall 1 (beide Faktoren ≥ 0): Hier sind also $x \geq 1$ und $x \geq -2$ gleichzeitig zu erfüllen, was zusammen nur möglich ist, wenn $x \geq 1$ ist. Dieser Fall liefert also als Lösungsbereich $[1, \infty[$.
- Fall 2 (beide Faktoren ≤ 0): Hier muss also $x \leq 1$ und $x \leq -2$ gelten, was zusammen nur möglich ist, wenn $x \leq -2$ ist. Dieser Fall liefert damit den Lösungsbereich $]-\infty, -2]$.

Damit ist die Lösungsmenge die Vereinigung $]-\infty, -2] \cup [1, \infty[$. Eine Visualisierung an einer Zahlengerade (vgl. Bild 4.8 kann gerade bei komplizierteren Aufgaben helfen.
Alternativ kann man sich die Lösungsmenge auch graphisch herleiten. Der Graph zur Funktion f mit $f(x) = x^2 + x - 2 = (x-1)(x+2)$ ist eine nach oben geöffnete Parabel mit Nullstellen bei −2 und 1. Dementsprechend ist sofort klar, dass $f(x) \geq 0$ genau dann gilt, wenn $x \leq -2$ bzw. $x \geq 1$ ist.

Tritt in einem der Fälle ein Widerspruch auf (z. B. wenn x gleichzeitig negativ und positiv sein soll), so liefert dieser Fall keinen Bereich für die Lösungsmenge, da sie hier leer ist. Das hat aber keine Auswirkung auf die anderen Fälle. Oder mengentheoretisch ausgedrückt: Die Vereinigung einer Menge mit der leeren Menge ändert nichts ($M \cup \emptyset = M$).

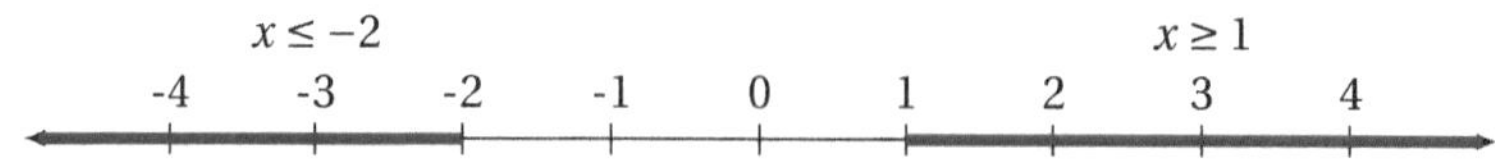

Bild 4.8 Die Lösungsmenge zu $x^2 + x - 2 \geq 0$ ▲

Verständnisfrage 31
Bestimmen Sie die Lösungsmenge zu $x^2 - x - 6 < 0$. Tipp: Plus mal Minus gibt Minus. ■

4.2.3 Betragsungleichungen

Mit Betragsungleichungen lassen sich auf einfache Art Bereiche beschreiben (auch in höheren Dimensionen). Zunächst wollen wir uns erinnern, wie der Betrag einer Zahl definiert wird. Häufig kennt man aus der Schule nur, dass der Betrag die Zahl „positiv macht", aber ohne sagen zu könne, wie er das denn umsetzt. Aber genau das müssen wir wissen, wenn wir mit ihm mathematisch exakt arbeiten wollen.
Der **Betrag** ist durch eine Fallunterscheidung definiert. Ist die Zahl innerhalb der Betragsstriche positiv, so gibt der Betrag genau diese Zahl zurück (ändert nichts). Ist die Zahl im Inneren jedoch negativ, so gibt er sie mit (-1) multipliziert zurück, was dementsprechend ihr Vorzeichen umkehrt (sie positiv macht).

$$|x| := \begin{cases} x, & \text{falls } x \geq 0 \\ -x, & \text{falls } x < 0 \end{cases}$$

Beispiel:
$|3| = 3$ und $|-5| = -(-5) = 5$. ▲

Das Auflösen von Beträgen erfolgt durch direkte Anwendung der Definition.

Beispiel:

$$|x-3| = \begin{cases} x-3, & \text{falls } (x-3) \geq 0 \\ -(x-3), & \text{falls } (x-3) < 0 \end{cases} = \begin{cases} x-3, & \text{falls } x \geq 3 \\ -x+3, & \text{falls } x < 3 \end{cases}$$

Man bemerke insbesondere, dass die Nullstellen des Terms in den Betragsstrichen ausschlaggebend für die Fälle sind. Bei $|x-3|$ lautet die einzige Nullstelle $x = 3$, daher müssen zum Auflösen des Betrags nur die Fälle $x \geq 3$ und $x < 3$ betrachtet werden. ▲

Die Differenz von zwei Zahlen im Betrag gibt ihren Abstand zueinander an.

Beispiel:
Es ist $|2-5| = |-3| = 3$. ▲

Man kann sich **Betragsungleichungen** der Gestalt $|x-a| \leq r$ (mit $a \in \mathbb{R}$, $r \geq 0$) geometrisch veranschaulichen. Gesucht sind alle $x \in \mathbb{R}$, deren Abstand zu a kleiner oder gleich r (Radius) sind.

Beispiel:
Wir betrachten die Betragsungleichung $|x-1| \leq 3$. Sie sucht nach den reellen Zahlen, welche zu 1 höchstens einen Abstand von 3 haben. Man stelle sich die 1 als den Mittelpunkt vor und geht drei Schritte auf der Zahlengerade nach links und rechts. Dies führt uns zur Lösungsmenge $[1-3, 1+3] = [-2, 4]$ (vgl. Bild 4.9).

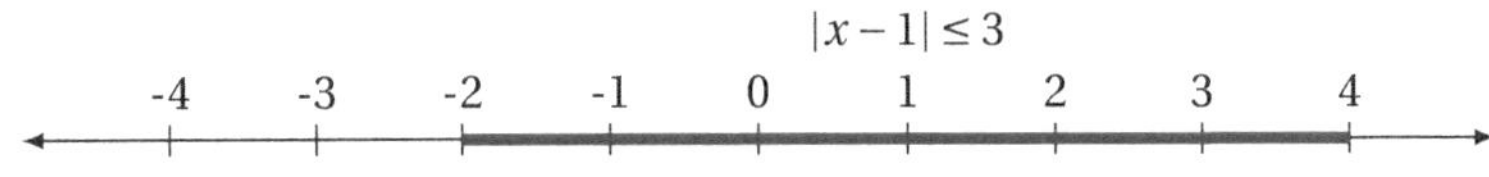

Bild 4.9 Die Lösungsmenge zu $|x-1| \leq 3$ ▲

Komplexere Betragsungleichungen lassen sich nicht mehr so einfach geometrisch lösen. Hier kommt man um eine Fallunterscheidung nicht herum. Wir betrachten zum Abschluss ein Beispiel, an dem wir den rechnerischen Weg per Fallunterscheidungen demonstrieren werden. Bei diesem einfachen Beispiel ist der geometrische Lösungsweg nach kurzer Umformung noch möglich, weshalb wir auch ihn erwähnen werden.

Beispiel:
Wir betrachten die Betragsungleichung $|2x-6| \geq 4$. Wir gehen zunächst den rechnerischen Lösungsweg und lösen den Betrag per Fallunterscheidung auf. Wir müssen uns nur fragen: Wann ist das Innere des Betrages ≥ 0 bzw. < 0?

- Fall 1 ($2x-6 \geq 0 \Leftrightarrow x \geq 3$): Hier ist das Innere positiv, also können wir auf die Betragsstriche verzichten. Es gilt:

  $$|2x-6| \geq 4 \overset{x \geq 3}{\Leftrightarrow} 2x-6 \geq 4 \Leftrightarrow x \geq 5$$

  In diesem Fall muss also gleichzeitig $x \geq 3$ und $x \geq 5$ sein. Dies ist zusammen nur möglich, wenn $x \geq 5$ ist. Damit ist der Lösungsbereich für diesen Fall $[5, \infty[$.
- Fall 2 ($2x-6 < 0 \Leftrightarrow x < 3$): Hier ist das Innere negativ, also wird das Vorzeichen beim Auflösen des Betrages umgedreht. Es gilt:

  $$|2x-6| \geq 4 \overset{x<3}{\Leftrightarrow} -(2x-6) \geq 4 \Leftrightarrow -2x \geq -2 \Leftrightarrow x \leq 1$$

  Man beachte, dass sich hier das Vergleichszeichen umgedreht hat, da wir durch eine negative Zahl (-2) geteilt haben.
  In diesem Fall muss also gleichzeitig $x < 3$ und $x \leq 1$ sein. Dies ist zusammen nur möglich, wenn $x \leq 1$ ist. Damit ist der Lösungsbereich für diesen Fall $[-\infty, 1]$.

Zusammen ergibt sich als Lösungsmenge $[-\infty, 1] \cup [5, \infty[$ (vgl. Bild 4.10).

Bild 4.10 Die Lösungsmenge zu $|2x-6| \geq 4$

Diese noch recht einfache Ungleichung könnte man alternativ auch durch 2 teilen und sie somit in die Gestalt $|x-3| \geq 2$ bringen.[3] Sie sucht also alle reellen Zahlen mit Abstand größer oder gleich 2 zu der Zahl 3. Dies ist eben genau der Bereich, den wir rechnerisch erhalten haben. ▲

Verständnisfrage 32

a) Beschreiben Sie „alle Zahlen mit einem Abstand von mindestens 5 zu der Zahl 1" als Betragsungleichung.

b) Bestimmen Sie geometrisch den Lösungsraum zu $|x+3| < 2$. Tipp: Schreiben Sie die $+3$ als $-(-3)$, um die richtige Form zu erhalten. ■

4.3 Präsenzaufgaben

Bearbeiten Sie die folgenden Aufgaben möglichst allein oder bei Schwierigkeiten in Kleingruppen. Bitte benutzen Sie keine Hilfsmittel wie Taschenrechner o. ä., sofern die Aufgabe dies nicht explizit erlaubt. Rechnen Sie stets mit Brüchen, um Ihre Bruchrechenfähigkeiten zu trainieren.

Aufgabe 1 (Funktionsbegriff)

Es seien $A := \{1, 2, 3, 4\}$ und $B := \{7, 11, 13\}$.

a) Geben Sie eine Abbildungsvorschrift für eine Abbildung $f: A \to B$ an (per Wertetabelle oder graphischer Darstellung).

b) Geben Sie eine Vorschrift an, sodass $f: A \to B$ *keine* gültige Abbildung ist.

Aufgabe 2 (Definitionsbereiche)

Bestimmen Sie jeweils den Definitionsbereich der folgenden Abbildungen. Es ist stets $f: \mathbb{R} \to \mathbb{R}$.

a) $f(x) = \dfrac{3x-2}{2x^2-8}$

b) $f(x) = ax^2 + bx + c$ mit $a, b, c \in \mathbb{R}$

c) $f(x) = \sqrt{x^2-1}$, Tipp: Dritte bin. Formel

d) $f(x) = \ln\left(\sqrt{x} - 2\right)$

e) $f(x) = \dfrac{1}{x^2} + x$

f) $f(x) = \sqrt{|3x-2|}$

g) $f(x) = \sqrt{-3x-6}$

h) (Zusatz) $f(x) = \sqrt{-\dfrac{3}{x}\ln(-5x-10)}$

i) (Zusatz) $f(x) = \sqrt{-x-3}\,\ln(2x-6)$

[3] Genauer: durch Ausklammern der 2 und Anwendung der Regel $|ab| = |a||b|$.

Aufgabe 3 (Funktionsgraphen)
Skizzieren Sie die Graphen zu den folgenden Funktionen. Es ist (bis auf die letzte Zusatzaufgabe) stets $f : \mathbb{R} \to \mathbb{R}$.

a) $f(x) = 3x + 1$

b) $f(x) = -\frac{1}{2}x - 4$

c) $f(x) = x - 1$

d) $f(x) = 2$

e) $f(x) = \begin{cases} x+1, & \text{falls } x \geq 2 \\ 3, & \text{falls } x \in [-2, 2[\\ (x+4)^2 - 1, & \text{falls } x < -2 \end{cases}$

f) (Zusatz) $f(x) = \begin{cases} sgn(x), & \text{falls } x \geq 1 \\ x, & \text{falls } x \in]-1, 1[\\ sgn(x), & \text{falls } x \leq -1 \end{cases}$
Das Signum ist das Vorzeichen, also z. B. $sgn(-3) = -1$.

g) $f(x) = x^2 - 2x - 3$

h) $f(x) = |x|$

i) (Zusatz) $f(x) = |x^2 - 1|$

j) (Zusatz) $f : \mathbb{N} \to \mathbb{Q}$ mit $f(n) = (-1)^n \cdot \frac{1}{n}$

Aufgabe 4 (Lineare Funktionen Teil I)
Gegeben sei die Funktion $f : \mathbb{R} \to \mathbb{R}$ mit $f(x) = x$ (auch Identität genannt). Geben Sie, ohne eine Berechnung durchzuführen, die Abbildungsvorschrift an, die entsteht, wenn der Graph von f auf folgende Weise verändert wird.

a) Verschiebe den Graphen von f um zwei Einheiten nach oben und erhöhe die Steigung auf $m = 3$.

b) Verschiebe den Graphen von f um eine Einheit nach unten und zwei Einheiten nach links.

Aufgabe 5 (Lineare Funktionen Teil II)
Bestimmen Sie jeweils die Abbildungsvorschrift der Geraden $f : \mathbb{R} \to \mathbb{R}$ mit den folgenden Eigenschaften.

a) Die Gerade läuft durch die Punkte $(0, 2)$ und $(1, 5)$.

b) Die Gerade läuft durch die Punkte $(-2, -13)$ und $(3, 12)$.

c) Die Gerade läuft durch den Punkt $\left(2, -\frac{5}{3}\right)$ mit Steigung $m = -\frac{1}{2}$.

d) Die Gerade läuft durch den Punkt $(3, 6 + t)$ und hat die Steigung $m = 2$. Der Parameter t ist eine (beliebige, aber feste) reelle Zahl.

e) (Zusatz) $5°$ F (Fahrenheit) entsprechen $-15°$ C (Celsius) und $212°$ F entsprechen 100C. Der Zusammenhang ist linear. Bestimmen Sie die Geradengleichung und berechnen Sie den Gefrierpunkt von Wasser in Fahrenheit.

Aufgabe 6 (Quadratische Funktionen Teil I)
Welche Verschiebungen des Graphen von $f: \mathbb{R} \to \mathbb{R}$ mit $f(x) = x^2 - 2x - 3$ führen zu dem Graphen von $g: \mathbb{R} \to \mathbb{R}$ mit $g(x) = x^2 - 6x + 8$? Es wird eine Antwort (mit Begründung) in der Form „so viele Einheiten nach rechts / links / oben / unten" gesucht.

Aufgabe 7 (Quadratische Funktionen Teil II)
Bestimmen Sie zunächst die Abbildungsvorschrift zur quadratischen Funktion $f: \mathbb{R} \to \mathbb{R}$ in der Form $f(x) = ax^2 + bx + c$, sodass der Graph durch die vorgegebenen Punkte verläuft. Geben Sie anschließend die Scheitelpunktform, den Scheitelpunkt, die Nullstellen und die linearfaktorisierte Gestalt an. Ist der Scheitelpunkt ein Hoch- oder ein Tiefpunkt? Skizzieren Sie zum Abschluss den Graphen.

a) $(0, -8)$, $(1, -9)$, $(-2, 0)$

b) $(-5, 0)$, $(-2, -9)$, $(1, 0)$

c) $(-1, 0)$, $(1, -16)$, $(0, -6)$

Aufgabe 8 (Ungleichungen)
Bestimmen Sie jeweils die Lösungsmenge folgender Ungleichungen.

a) $5x < x - 4$

b) $-2(x+1) \geq 3x$

c) $x^2 - 4 \geq 0$

d) $x^2 + 5x + 6 < 0$

e) (Zusatz) $\dfrac{3x-2}{x+1} < -1$

Aufgabe 9 (Betragsungleichungen)
Bestimmen Sie jeweils die Lösungsmenge folgender Betragsungleichungen und skizzieren Sie sie auf einer Zahlengerade.

a) $|x - 4| \leq 3$

b) Gesucht sind alle reellen Zahlen, die mindestens einen Abstand von 2 zu der Zahl -1 haben. Wie sehen die Betragsungleichung und die Lösungsmenge dazu aus?

c) $|-3x + 1| \leq 7$

d) $|x| \geq |x - 1|$

Zusatzaufgabe 10 (Betragsungleichung)
Bestimmen Sie die Lösungsmenge der Betragsungleichung $|x^2 + 5x + 6| < 2$.
Tipp: Linearfaktorzerlegung.

■

4.4 Übersicht

Diese Übersicht dient zum schnellen Nachschlagen (z. B. in den Tutorien). Es empfiehlt sich, Lernhilfen und Übersichten selbst anzufertigen, da dies den Lernprozess unterstützt.

Funktionen, Definitionsbereich, Wertebereich

Eine Abbildung $f: A \to B$ ist eine Zuordnung, die jedem Element des Definitionsbereichs genau ein Element des Wertebereichs zuordnet. Durch eine Abbildungsvorschrift wird bestimmt, wie die konkrete Zuordnung aussieht.
Bsp.: $f: \mathbb{R} \to \mathbb{R}$ mit $f(x) = x^2$.
Im Definitionsbereich D_f von f befinden sich exakt die Elemente, die man abbilden darf. Beachte:

- Keine Null im Nenner!
- Quadratwurzeln nur aus Zahlen größer oder gleich Null ziehen!
- Logarithmus nur von Zahlen echt größer Null bilden!

Der Wertebereich enthält die Elemente, die tatsächlich von f getroffen werden.

Lineare und quadratische Funktionen

- Eine lineare Funktion $f: \mathbb{R} \to \mathbb{R}$ hat die allgemeine Form:

  $$f(x) = mx + n$$

  wobei $m, n \in \mathbb{R}$. Graphisch sind es Geraden mit Steigung m und y-Achsenabschnitt (Schnittpunkt mit der y-Achse) n.
- Eine quadratische Funktion $f: \mathbb{R} \to \mathbb{R}$ hat die allgemeine Form:

  $$f(x) = ax^2 + bx + c \quad \text{mit } a, b, c \in \mathbb{R}$$

  wobei $a \neq 0$ ist. Mittels quadratischer Ergänzung erhält man die Scheitelpunktform.

Ungleichungen und Beträge

- Wichtigste Regel: Beim Multiplizieren der Ungleichung mit einer negativen Zahl dreht sich das Vergleichszeichen um! Dividieren ist dasselbe wie Multiplizieren mit dem Kehrwert, also auch hier aufpassen.
- Der Betrag einer Zahl $x \in \mathbb{R}$ ist definiert durch:

  $$|x| = \begin{cases} x, & \text{wenn } x \geq 0 \\ -x, & \text{wenn } x < 0 \end{cases}$$

- Betrags(un)gleichungen löst man meist durch Fallunterscheidung auf (Fall 1: Das Innere ist positiv, also kann Betrag wegfallen. Fall 2: Das Innere ist negativ, also ersetzte $|\ldots|$ durch $-1 \cdot (\ldots)$).
- In der einfachsten Gestalt $|x-a| \leq r$ sucht man nach $x \in \mathbb{R}$, deren Abstand zu a kleiner gleich r („Radius") sind.
- Bei komplizierteren Betrags(un)gleichungen faktorisiert man zunächst den inneren Teil (siehe Linearfaktorisierung) und kann dann leichter die Fälle unterscheiden.

4.5 Lösungen zu den Verständnisfragen

(25) Der Funktionsbegriff

Da wahrscheinlich einige Studierende im selben Ort geboren worden sind, würde eine Umkehrung keine Abbildung im mathematischen Sinne ergeben. Denn hier würde nun ein Geburtsort auf mehrere Personen gleichzeitig abgebildet werden müssen, was dann keine eindeutige Zuordnung mehr wäre.

(26) Definitions- und Wertebereich

In der Abbildungsvorschrift $f(x) = \sqrt{x+2}$ wirkt sich lediglich die Wurzel einschränkend auf den Definitionsbereich aus. Hier muss $x+2 \geq 0$ sein, was äquivalent ist zu $x \geq -2$. Also ist $D_f = [-2, \infty[$. Die Funktion kann jeden Wert über oder gleich Null annehmen, also ist $W_f = [0, \infty[$.

(27) Graphische Darstellung

Der Graph zu $f : \mathbb{R} \to \mathbb{R}$ mit

$$f(x) = \begin{cases} -\frac{1}{2}x + 1, & \text{wenn } x \leq 0 \\ 1, & \text{wenn } x \in]0, 3] \\ x - 2, & \text{wenn } x > 3 \end{cases}$$

wird in Bild 4.11 visualisiert. Der Definitionsbereich ist ganz $\mathbb{R}$ und der Wertebereich ist $[1, \infty[$.

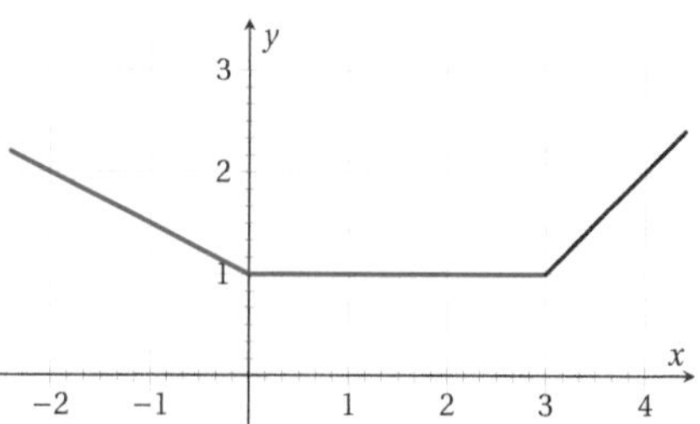

Bild 4.11 Stückweise definierte Funktion zur Verständnisfrage

(28) Lineare Funktionen

Die Gerade in Bild 4.12 verläuft wie gefordert durch den Koordinatenursprung und den Punkt (1, 2). Der y-Achsenabschnitt liegt offensichtlich bei $n = 0$. Von (0, 0) zu (1, 2)

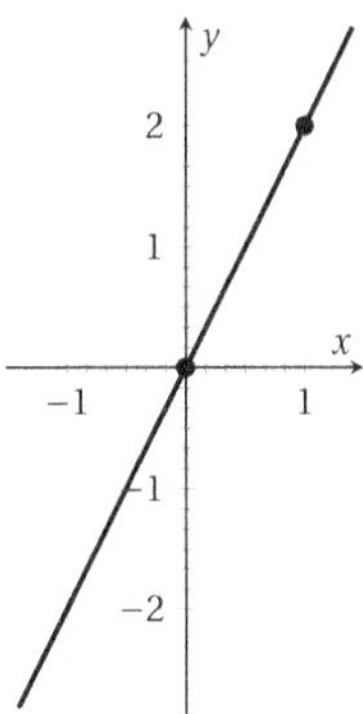

Bild 4.12 Gerade durch Ursprung und $(1, 2)$

geht man einen Schritt nach rechts und zwei nach oben. Dementsprechend ist $m = 2$ und die Geradengleichung lautet $f(x) = 2x$.

(29) Quadratische Funktionen
Eine mögliche Parabel ist gegeben durch die Abbildungsvorschrift $f(x) = (x-2)^2 + 1$. Es gibt unendlich viele Parabeln, die ihren Tiefpunkt bei $(2, 1)$ haben.
Allgemein (vgl. Bild 4.13):

$$f(x) = k(x-2)^2 + 1 \quad \text{mit } k > 0$$

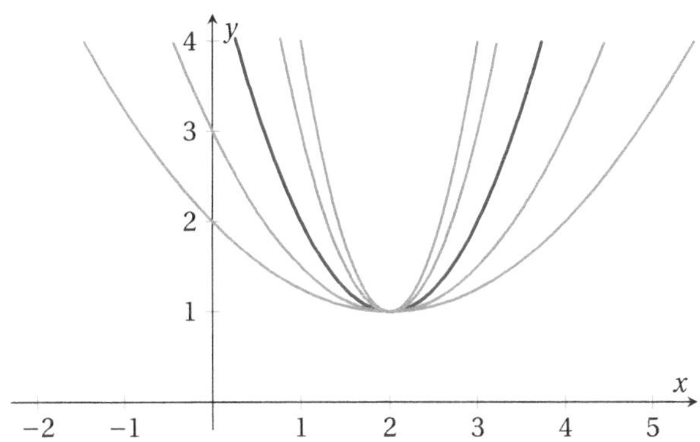

Bild 4.13 Parabeln mit Tiefpunkt bei $(2, 1)$

(30) Lineare Ungleichungen

$$\begin{aligned} & -3x - 2 < 10 \quad | +2 \\ \Leftrightarrow \quad & -3x < 12 \quad | \cdot \left(-\frac{1}{3}\right) \\ \Leftrightarrow \quad & x > -4 \end{aligned}$$

Die Lösungsmenge ist also $]-4, \infty[$.

(31) Quadratische Ungleichungen

Durch Linearfaktorisierung erhalten wir:

$$x^2 - x - 6 < 0 \Leftrightarrow (x+2)(x-3) < 0$$

Ein Produkt aus zwei Faktoren ist genau dann negativ, wenn ein Faktor positiv und der andere negativ ist. Dies führt zu den folgenden beiden Fällen:

- Fall 1: $x+2 > 0 \wedge x-3 < 0 \Leftrightarrow x > -2 \wedge x < 3$. Dies gibt also den Lösungsbereich $]-2, 3[$.
- Fall 2: $x+2 < 0 \wedge x-3 > 0 \Leftrightarrow x < -2 \wedge x > 3$. Es gibt keine Zahl, die gleichzeitig kleiner -2 und größer als 3 ist, also ist dieser Lösungsbereich leer.

Damit gibt uns nur Fall 1 die Lösungsmenge der Ungleichung: $]-2, 3[$.

(32) Betragsungleichungen

(a) „Alle Zahlen mit einem Abstand von mindestens 5 zu der Zahl 1" als Betragsungleichung lautet: $|x-1| \geq 5$.

(b) $|x+3| < 2 \Leftrightarrow |x-(-3)| < 2$. Gesucht sind also alle Zahlen mit Abstand kleiner 2 zu der Zahl -3. Dies ergibt als Lösungsraum $]-5, -1[$.

5 Potenzen, Logarithmus, Exponentialfunktion

Potenz- und Logarithmengesetze benötigt man in vielen Berechnungen, sei es in den Ingenieurwissenschaften wie z. B. bei Seilreibungen (S_1, S_2 über eine Rolle mit Reibungskoeffizient μ unter Winkel α):

$$S_1 = S_2 e^{\mu\alpha} \Leftrightarrow \alpha = \frac{1}{\mu} \ln\left(\frac{S_1}{S_2}\right)$$

oder in den Wirtschaftswissenschaften beispielsweise beim Zinseszins (gleichbleibender Zinssatz p über n Jahre mit Startkapital K_{Start}):

$$K_{\text{Ende}} = K_{\text{Start}}\left(1 + \frac{p}{100}\right)^n \Leftrightarrow p = 100 \cdot \left(\sqrt[n]{\frac{K_{\text{Ende}}}{K_{\text{Start}}}} - 1\right) \Leftrightarrow n = \frac{\ln\left(\frac{K_{\text{Ende}}}{K_{\text{Start}}}\right)}{\ln\left(1 + \frac{p}{100}\right)}$$

Die Gesetze ermöglichen uns, Formeln herzuleiten und nach der Variable umzustellen, für die wir uns im konkreten Fall interessieren.

5.1 Potenzen und Wurzeln

Im Ausdruck $a^n = b$ nennen wir a die **Basis** und n den **Exponenten**. Den Vorgang nennt man Potenzieren und daher heißt b **Potenzwert**. Wir unterscheiden im Folgenden zwischen ganzzahligen und rationalen Exponenten. Anschließend bieten wir eine Übersicht über die relevanten Rechenregeln. Auf Herleitungen verzichten wir, da die Regeln meist in der Schule ausführlich besprochen worden sind und unser Fokus hier auf dem Wiederholen und Üben liegen soll.

5.1.1 Natürliche und ganzzahlige Exponenten

Es sei $n \in \mathbb{N}$ und $a \in \mathbb{R} \setminus \{0\}$, so definieren wir die n-te Potenz von a als:

$$a^n := \prod_{i=1}^{n} a = \underbrace{a \cdot a \cdot a \cdot \ldots \cdot a}_{n\text{-mal}}$$

Beispiel:

$$\left(-\frac{1}{2}\right)^3 = \left(-\frac{1}{2}\right)\cdot\left(-\frac{1}{2}\right)\cdot\left(-\frac{1}{2}\right) = -\frac{1}{8}$$ ▲

Um den Exponenten um 1 zu verringern, muss man den Potenzwert durch die Basis teilen.

Beispiel:

$$a^3 \cdot \frac{1}{a} = a \cdot a \cdot a \cdot \frac{1}{a} = a^2$$ ▲

Dementsprechend ist es naheliegend, dass wir für $a \neq 0$ folgendes[1] definieren:

$$a^{-1} := \frac{1}{a}$$

Am letzten Beispiel kann man sich leicht klar machen, dass wiederholtes Teilen durch die Basis den Exponenten entsprechend oft reduziert. Dies ermöglicht es uns nun, auch mit negativen Exponenten zu arbeiten:

$$a^{-n} = \frac{1}{a^n} \quad \text{für } n \in \mathbb{N}$$

Beispiele:

$$3^{-2} = \frac{1}{3^2} = \frac{1}{9}$$ ▲

Verständnisfrage 33

Berechnen Sie: $(-2)^3 + \left(\frac{1}{3}\right)^2 + \left(\frac{1}{4}\right)^{-2} - 3^{-2}$. ■

5.1.2 Rationale Exponenten und Wurzeln

Wollen wir in einer Gleichung nach der Basis auflösen, so müssen wir den Exponenten entfernen können, wie z. B. bei $x^2 = 4$. Die Lösung besteht bekanntlich im **Radizieren** (Wurzel ziehen).

Es sei $a \in \mathbb{R}_{>0}$ und $\frac{m}{n} \in \mathbb{Q}$, so definieren wir die n-te Wurzel aus dem Radikanden a als:

$$\sqrt[n]{a^m} := a^{\frac{m}{n}}$$

Für $n = 2$ spricht man von der **Quadratwurzel**. Da sie die häufigst genutzte Wurzel ist, sagt man meist einfach nur, dass man die Wurzel ($\sqrt{\ldots}$) zieht und meint damit die Quadratwurzel.

[1] Auch bekannt als Kehrwert.

Beispiele:

$$\sqrt[3]{8} = \sqrt[3]{2^3} = 2^{\frac{3}{3}} = 2^1 = 2$$

$$\sqrt[5]{a^7} = a^{\frac{7}{5}}$$

$$\sqrt{49} = \sqrt[2]{49} = 7^{\frac{2}{2}} = 7^1 = 7$$

▲

Der Graph der Quadratwurzelfunktion $f: [0,\infty[\to [0,\infty[$ mit $f(x) = \sqrt{x}$ ist in Bild 5.1 zu sehen. Er entsteht durch Spiegelung der rechten Hälfte der Normalparabel an der Identitätsgerade.

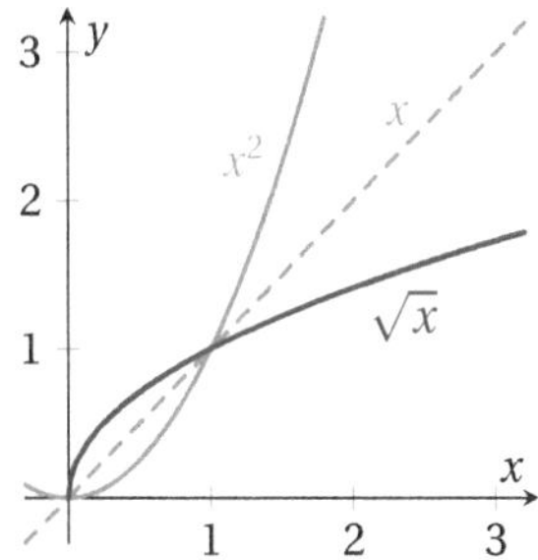

Bild 5.1 Der Graph der Quadratwurzelfunktion ergibt sich durch Spiegelung der rechten Parabelhälfte an der Identiätsgerade

Ist der Wurzelexponent ungerade, so kann der Radikand auch negativ sein. So ist beispielsweise $\sqrt[3]{-8} = -2$, denn $(-2)^3 = -8$. Dies trifft man jedoch nur selten an, daher beschränken wir uns auf positive Radikanden.

Wir möchten an dieser Stelle auf den Unterschied zwischen dem Ziehen einer Wurzel aus einer Zahl und dem Lösen einer quadratischen Gleichung eingehen. Dazu muss man nur wissen, dass:

$$\sqrt{x^2} = |x| \quad \text{für } x \in \mathbb{R}$$

Beispiel:
Das bedeutet, dass $\sqrt{4} = \sqrt{2^2} = 2$ ist (und nicht etwa ± 2!). Die Gleichung $x^2 = 4$ hat jedoch zwei Lösungen, nämlich ± 2. Beim Lösen der Gleichung wird also eigentlich immer ein Zwischenschritt gemacht:

$$x^2 = 4 \Leftrightarrow |x| = 2 \Leftrightarrow x = 2 \vee x = -2$$

▲

GeoGebra: Wurzelfunktion
Sie können die Koeffizienten verändern und sehen, welchen Einfluss diese auf den Funktionsgraphen der Wurzelfunktion haben.

■

Verständnisfrage 34

Berechnen Sie: $\sqrt[4]{16} - \sqrt{\frac{1}{4}} + \sqrt[4]{2^{-4}}$.

5.1.3 Potenzgesetze

Es gelten die folgenden Potenzgesetze (siehe Tabelle 5.1). Wir konzentrieren uns hier auf die wesentlichen Fälle und ignorieren Sonderfälle wie das Ziehen ungerader Wurzeln aus negativen Zahlen.[2]

Regel	Voraussetzungen
$a^n \cdot a^m = a^{n+m}$	für $m,n \in \mathbb{R}$, falls $a > 0$ und für $m,n \in \mathbb{Z}$ falls $a < 0$
$\frac{a^n}{a^m} = a^{n-m}$	für $m,n \in \mathbb{R}$, falls $a > 0$ und für $m,n \in \mathbb{Z}$ falls $a < 0$
$a^n \cdot b^n = (ab)^n$	für $m \in \mathbb{R}$, falls $a,b > 0$ und für $m \in \mathbb{Z}$, falls $a < 0 \vee b < 0$
$\frac{a^n}{b^n} = \left(\frac{a}{b}\right)^n$	für $m \in \mathbb{R}$, falls $a,b > 0$ und für $m \in \mathbb{Z}$, falls $a < 0 \vee b < 0$ und $b \neq 0$
$(a^n)^m = a^{n \cdot m}$	für $m,n \in \mathbb{R}$, falls $a > 0$ und für $m,n \in \mathbb{Z}$, falls $a < 0$
$\sqrt[n]{a^m} := a^{\frac{m}{n}}$	für $m \in \mathbb{Z}, n \in \mathbb{N}$, falls $a > 0$
$a^{-n} := \frac{1}{a^n}$	für $n \in \mathbb{R}$, falls $a > 0$ und für $n \in \mathbb{Z}$, falls $a < 0$
$a^0 = 1$, Konvention: $0^0 = 1$	für $a \in \mathbb{R}$
$0^n = 0$	für reelle $n > 0$
$1^n = 1$	für $n \in \mathbb{R}$

Tabelle 5.1 Potenzgesetze

Die meisten Regeln kann man sich auch leicht in Erinnerung rufen. So zum Beispiel:

$$a^3 \cdot a^4 = (a \cdot a \cdot a) \cdot (a \cdot a \cdot a \cdot a) = a^{3+4}$$

Die Wurzel ist letztlich nur eine Schreibweise für rationale Exponenten. Rechnen sollte man besser mit der Exponentenschreibweise, anstatt sich noch zusätzlich Wurzelrechenregeln zu merken.

Beispiel:

$$\begin{aligned}\frac{\sqrt[3]{x} \cdot \sqrt{x^{\frac{1}{3}}}}{x^{-\frac{1}{2}}} &= \frac{x^{\frac{1}{3}} \cdot (x^{\frac{1}{3}})^{\frac{1}{2}}}{x^{-\frac{1}{2}}} \\ &= x^{\frac{1}{2}} \cdot x^{\frac{1}{3}} \cdot (x^{\frac{1}{3}})^{\frac{1}{2}} \\ &= x^{\frac{1}{2}} \cdot x^{\frac{1}{3}} \cdot x^{\frac{1}{6}} = x^{\frac{1}{2}+\frac{1}{3}+\frac{1}{6}} \\ &= x^1 = x\end{aligned}$$

▲

2 Obgleich wir uns bisher nur ganzzahlige und rationale Exponenten angesehen haben, listen wir hier soweit möglich auch die Regeln für reelle Exponenten auf. Eine saubere Herleitung dieser ist im Allgemeinen nicht für den Vorkurs geeignet.

Verständnisfrage 35

a) Warum ist 0^n nicht für $n < 0$ definiert?

b) Vereinfachen Sie soweit wie möglich ($x > 0$):

$$\frac{\sqrt[5]{x^{10}}}{\left(x^8 x^{-6}\right)^{-1}}$$

■

■ 5.2 Logarithmus

An die Basis können wir bereits über die Wurzel gelangen, wie z. B. in der Gleichung $x^n = a$. Aber was ist mit Gleichungen, in denen die Variable im Exponenten steht, wie in $a^x = b$ (gesucht ist x)? Es seien im Folgenden $a, b > 0$ und zudem $a \neq 1$. Die Lösung der Gleichung wird definiert als $x = \log_a(b)$, lies: „**Logarithmus** von b zur Basis a". Die zentrale Äquivalenz, die man sich zum Logarithmus merken muss, lautet:

$$x = \log_a(b) \Leftrightarrow a^x = b$$

Beispiele:

- $2^x = 8 \Leftrightarrow x = \log_2(8) = 3$, denn $2^3 = 8$
- $10^x = 100 \Leftrightarrow x = \log_{10}(100) = 2$, denn $10^2 = 100$
- $16^x = \frac{1}{4} \Leftrightarrow x = \log_{16}(\frac{1}{4}) = -\frac{1}{2}$, denn $16^{-\frac{1}{2}} = \frac{1}{\sqrt{16}} = \frac{1}{4}$ ▲

Der Logarithmus „frisst" die Basis auf, denn:

$$\log_a\left(a^x\right) = x \Leftrightarrow a^x = a^x$$

Eine alternative Vorstellung zum Logarithmus ist diese (am Beispiel $2^x = 8$): Wie oft muss ich 8 durch 2 teilen, damit 1 herauskommt? Genau $\log_2(8) = 3$ mal, denn $((8:2):2):2 = 1$. Diese Vorstellung stößt nur leider bereits bei $\log_{16}\left(\frac{1}{4}\right)$ an ihre Grenzen.

Verständnisfrage 36

Füllen Sie die Lücken aus (siehe die Äquivalenz oben zum Logarithmus) und bestimmen Sie x.

a) $x = \log_5(125) \Leftrightarrow$ ____________

b) $x =$ ____________ $\Leftrightarrow 3^x = 81$

■

5.2.1 Rechenregeln Logarithmus

Aus den Potenzgesetzen lassen sich die Rechenregeln für den Logarithmus herleiten. Es seien $a, b, c > 0$, $n \in \mathbb{R}$ und $a \neq 1$, so gilt:

1. $\log_a(b \cdot c) = \log_a(b) + \log_a(c)$
2. $\log_a\left(\frac{b}{c}\right) = \log_a(b) - \log_a(c)$
3. $\log_a(b^n) = n \cdot \log_a(b)$
4. $\log_a(1) = 0$, denn es gilt stets $a^0 = 1$
5. $\log_a(a) = 1$, denn es gilt stets $a^1 = a$.
6. $a^{\log_a(b)} = b$, denn dies ist äquivalent zu $\log_a(b) = \log_a(b)$.

Wir wollen die erste und die dritte Regel nun beweisen, um so den Zusammenhang zu den Potenzgesetzen zu verstehen. Dass die vierte, fünfte und sechste Regeln gelten, wird bereits in der Auflistung gezeigt.

Beweis. Behauptung: 1.) $\log_a(b \cdot c) = \log_a(b) + \log_a(c)$.
Wir bezeichnen die beiden Logarithmen auf der rechten Seite mit den Unbekannten x bzw. y und können die Logarithmus-Äquivalenz anwenden:

$$x = \log_a(b) \Leftrightarrow a^x = b \quad \text{und}$$
$$y = \log_a(c) \Leftrightarrow a^y = c$$

Für das Produkt von b und c gilt:

$$b \cdot c = a^x \cdot a^y = a^{x+y}$$

Wenden wir auf beide Seiten dieser Gleichung den Logarithmus zu Basis a an, so erhalten wir:

$$\log_a(b \cdot c) = \log_a\left(a^{x+y}\right)$$

Der Logarithmus „frisst" die Basis, also folgt:

$$\log_a(b \cdot c) = x + y = \log_a(b) + \log_a(c)$$

Damit ist die erste Regel bewiesen. Die zweite lässt sich auf gleiche Weise zeigen. Widmen wir uns nun der dritten Regel.

Behauptung: 3.) $\log_a(b^n) = n \cdot \log_a(b)$.
Wir beweisen die Gleichung, indem wir sie äquivalent umformen, bis wir eine offensichtlich wahre Aussage erhalten. Wir nutzen neben der sechsten Logarithmusregel das bekannte Potenzgesetz $a^{nm} = (a^m)^n$ (mit $m, n \in \mathbb{R}$).

$$
\begin{aligned}
& \log_a\left(b^n\right) = n\log_a(b) \quad | \; a^{\cdots} \\
\Leftrightarrow \quad & a^{\log_a(b^n)} = a^{n\log_a(b)} \\
\overset{6.)}{\Leftrightarrow} \quad & b^n = \left(a^{\log_a(b)}\right)^n \\
\overset{6.)}{\Leftrightarrow} \quad & b^n = b^n
\end{aligned}
$$

Die letzte Zeile ist wahr und damit ist die Behauptung bewiesen. *q.e.d*

Die dritte Regel ist die wohl nützlichste, welche auch an zunächst unerwarteten Stellen verwendet wird (z. B. beim Ableiten von $f(x) = x^x$). Betrachten wir nun ein ausführliches Beispiel, in dem viele der Rechenregeln Anwendung finden. An einigen Stellen sind die Rechnungen zu Demonstrationszwecken ausführlicher als üblicherweise nötig.

Beispiel:

$$
\begin{aligned}
& & 3^{5x} &= 27 \cdot 9^{x+2} \\
&\Leftrightarrow & \log_3\left(3^{5x}\right) &= \log_3\left(27 \cdot 9^{x+2}\right) \\
&\Leftrightarrow & 5x \cdot \log_3(3) &= \log_3(27) + \log_3\left(9^{x+2}\right) \\
&\Leftrightarrow & 5x \cdot 1 &= \log_3\left(3^3\right) + \log_3\left(\left(3^2\right)^{x+2}\right) \\
&\Leftrightarrow & 5x &= 3 \cdot \log_3(3) + \log_3\left(3^{2(x+2)}\right) \\
&\Leftrightarrow & 5x &= 3 \cdot 1 + 2(x+2)\log_3(3) \\
&\Leftrightarrow & 5x &= 3 + 2(x+2) \cdot 1 \\
&\Leftrightarrow & 3x &= 7 \\
&\Leftrightarrow & x &= \frac{7}{3}
\end{aligned}
$$

▲

Verständnisfrage 37
Gehen Sie das ausführliche Beispiel Zeile für Zeile durch und notieren Sie, welche Regel(n) bei welcher Umformung angewendet wurde(n).

■

5.2.2 Wichtige Basen und Basiswechsel

Die am häufigsten genutzten Logarithmen haben eigene Namen und Schreibweisen in Bezug zu ihrer Basis:

- Basis Eulerzahl e: Logarithmus naturalis (natürlicher Log.), $\ln(b) := \log_e(b)$
- Basis 10: Dekadischer Logarithmus, $\lg(b) := \log_{10}(b)$
- Basis 2: Binärer Logarithmus[3], $\mathrm{lb}(b) := \log_2(b)$

Je nach Software bzw. Programmiersprache kann der Befehl log() für den natürlichen oder den dekadischen Logarithmus stehen. Dies sollte man entsprechend prüfen, wenn man programmiert.

Will man von einer wenig gebräuchlichen Basis auf eine beliebtere wechseln, so muss man einen **Logarithmus-Basiswechsel** vollziehen. Gegeben sei wie üblich (mit $a, b > 0$, $a \neq 1$):

$$a^x = b \Leftrightarrow x = \log_a(b)$$

[3] Manchmal auch: Dualer Logarithmus, ld

Angenommen, wir wollen lieber die Basis c nutzen ($c > 0$, $c \neq 1$). Dazu wenden wir auf der Gleichung $a^x = b$ den gewünschten Logarithmus an:

$$
\begin{aligned}
& a^x = b \quad | \log_c \\
\Leftrightarrow \quad & \log_c\left(a^x\right) = \log_c(b) \\
\Leftrightarrow \quad & x \log_c(a) = \log_c(b) \\
\Leftrightarrow \quad & x = \frac{\log_c(b)}{\log_c(a)}
\end{aligned}
$$

Damit gilt also $\log_a(b) = \frac{\log_c(b)}{\log_c(a)}$. Auch hier ist es empfehlenswert, den Weg zu verstehen, denn dann ist es nicht nötig, die Formel auswendig zu lernen.

Beispiel:

$$\log_5(20) = \frac{\ln(20)}{\ln(5)} \approx 1.86$$

▲

Verständnisfrage 38
Stellen Sie folgenden Ausdruck in Abhängigkeit vom dekadischen Logarithmus dar (ähnlich wie im Beispiel zuvor): $\log_7(100)$.

■

5.3 Die Exponential- und die Logarithmusfunktion

Allgemein haben Potenzfunktionen die Abbildungsvorschrift $f(x) = a^x$ mit $a > 0$. Die in der Natur und in der Mathematik wichtigste Basis ist die Eulerzahl e. In den Mathematikvorlesungen werden Sie erfahren, dass beispielsweise folgende Zusammenhänge gelten:

$$\sum_{k=0}^{\infty} \frac{1}{k!} = \lim_{n \to \infty} \left(1 + \frac{1}{n}\right)^n = e \approx 2.71828\ldots$$

Man kennt e mittlerweile bis auf die $1.4 \cdot 10^{12}$te Stelle (Billionen). Die **Exponentialfunktion** lautet:

$$f: \mathbb{R} \to \mathbb{R}_{>0} \quad \text{mit} \quad f(x) = e^x$$

Eine alternative Schreibweise ist $\exp(x)$ (anstatt e^x). Insbesondere in der Programmierung wird exp() häufig verwendet. Die Exponentialfunktion ist die sogenannte **Umkehrfunktion** des natürlichen Logarithmus, denn es gilt nach Logarithmenregeln, dass sie sich gegenseitig „aufheben“:

$$\ln\left(e^x\right) = e^{\ln(x)} = x$$

Die (natürliche) **Logarithmusfunktion**

$$f:]0, \infty[\to \mathbb{R} \quad \text{mit} \quad f(x) = \ln(x)$$

ist dementsprechend die Umkehrung der Exponentialfunktion. Die Graphen der beiden Funktionen werden in Bild 5.2 visualisiert.
Da $e^0 = 1$ ist, muss für die Umkehrung $\ln(1) = 0$ gelten (bzw. siehe vierte Logarithmus-Regel). Außerdem ist $\ln(e) = 1$ (siehe fünfte Regel).

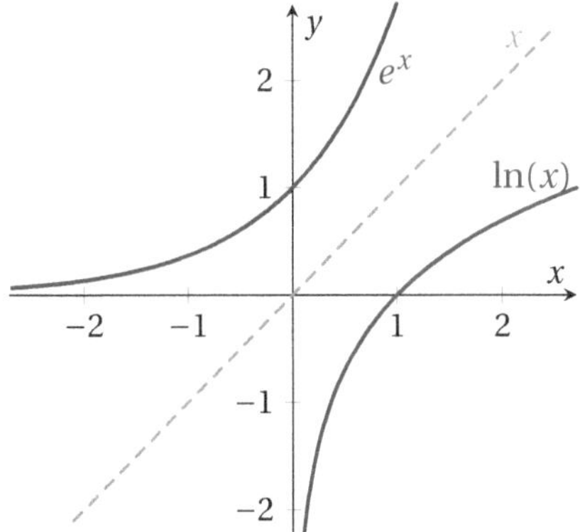

Bild 5.2 Exponential- und Logarithmusfunktion

Prägt man sich die Graphen ein, so behält man automatisch auch die folgenden Eigenschaften:

- $D_{\exp} = \mathbb{R}$ und $W_{\exp} =]0, \infty[$
- $e^0 = 1$
- $e^x > 0 \,\forall x \in \mathbb{R}$
- $e^x > 1 \,\forall x > 0$ und $e^x < 1 \,\forall x < 0$
- Die Exponentialfunktion ist streng monoton wachsend.
- $D_{\ln} =]0, \infty[$ und $W_{\ln} = \mathbb{R}$
- $\ln(1) = 0$ und $\ln(e) = 1$
- $\ln(x) > 0$ für $x > 1$
- $\ln(x) < 0$ für $0 < x < 1$
- Die Logarithmusfunktion ist streng monoton wachsend.

Es ist empfehlenswert, Graphen wichtiger Funktionen einige Male selbst per Hand und aus dem Gedächtnis zu skizzieren, bevor man irgendwann dazu übergeht, Funktionsgraphen vom Computer zeichnen zu lassen. Das Wiedererkennen von Funktionsverläufen ist sehr nützlich, wenn man Daten analysiert, nach Zusammenhängen sucht oder generell Probleme mathematisch löst.

Die Exponentialfunktion wächst enorm schnell für $x > 0$. Zur Veranschaulichung des rasanten Wachstumsprozesses betrachten wir den leicht kleineren Ausdruck 2^x.

Beispiel:
Ein Blatt Papier hat eine Dicke von ca. 0.1 mm. Die Entfernung zwischen Erde und Mond beträgt etwa 380000 km. Wie oft müsste man ein Blatt Papier in der Mitte falten (wenn es

denn praktisch möglich wäre), bis es so dick wäre, dass es den Mond berührt?
Zunächst bringen wir alles auf eine Einheit, also:

$$0.1\,\text{mm} = 0.0000001\,\text{km} = 1 \cdot 10^{-7}\,\text{km}$$

Ein Papier zu falten, entspricht einer Verdoppelung der Dicke, also mit 2 zu multiplizieren und das immer wieder (also 2^x). Wir suchen also $x \in \mathbb{N}$ mit:

$$10^{-7} \cdot 2^x = 380000 \Leftrightarrow x \approx 41.78$$

Also müsste man das Papier *nur* 42 mal falten, um zum Mond zu gelangen! Zum Mars (Entfernung ca. 228 Millionen Kilometer) ist es dann auch nicht mehr weit, nämlich insgesamt nur ca. 51 mal falten. Nach etwa 103-mal soll der uns bekannte Rand des Universums erreicht werden. Leider lässt sich ein typisches DIN-A4-Papier nicht mehr als 7 mal richtig falten. Dieses Beispiel verdeutlicht eindrucksvoll, wie rasant (und je nach Kontext gefährlich) exponentielles Wachstum ist! ▲

GeoGebra: Exponentialfunktion, Logarithmusfunktion
Sie können jeweils die Koeffizienten verändern und sehen, welchen Einfluss diese auf die Funktionsgraphen der Exponential- bzw. der Logarithmusfunktion haben. ■

Verständnisfrage 39
Ein DIN-A4 Papier hat Seitenlängen von 210 mm und 297 mm. Welche Fläche würde das Papier noch bedecken, wenn es nach dem Falten (siehe Beispiel) bis zum Mond reichen würde? ■

5.4 Präsenzaufgaben

Bearbeiten Sie die folgenden Aufgaben möglichst allein oder bei Schwierigkeiten in Kleingruppen. Bitte benutzen Sie keine Hilfsmittel wie Taschenrechner o. ä., sofern die Aufgabe dies nicht explizit erlaubt. Rechnen Sie stets mit Brüchen, um Ihre Bruchrechenfähigkeiten zu trainieren.

Aufgabe 1 (Potenzen ausrechnen)
Berechnen Sie (ohne Taschenrechner). Hinweis: $0^0 := 1$.

a) $(-2)^4 + (-3)^3 - 4^2$

b) $\left(\frac{2}{3}\right)^2 - 81^{-\frac{1}{2}} + 225^0$

c) $\frac{1}{2^{-3}} \cdot 3^{-2}$

d) $8^{\frac{1}{3}} + e^0 + 0^0$

Aufgabe 2 (Potenzgesetze Teil I)
Vereinfachen Sie die Ausdrücke. Sämtliche Variablen seien größer Null.

a) $\left(\frac{27x^{-2}y^4z^4}{9x^{-3}y^{-2}z^2}\right)^3$

b) $\left(\frac{x^2y}{a^2b^2}\right)^4 : \left(\frac{xy^3}{a^2b}\right)^2$

c) $x^{4k+7} \cdot 3x^{3k+2} \cdot 5x^{n-9-7k}$

d) $(-t)^{-2} \cdot t - t^{-2} \cdot t$

e) $\frac{\left(a^2\right)^4 - a^{\left(2^4\right)}}{a^8} + a^8$

f) $\frac{x^{7n+2}x^{3-2n}}{\left(x^3\right)^n \left(x^n x^3\right)^2}$

Aufgabe 3 (Potenzgesetze Teil II)
Vereinfachen Sie die Ausdrücke (ohne Taschenrechner). Es ist $x > 0$.

a) $\frac{\sqrt{\frac{9}{8}} + \sqrt{\frac{25}{8}}}{\sqrt{2}}$

b) $\sqrt[5]{32y^{30}}$

c) $\sqrt[4]{\sqrt[3]{x^{24}}}$

d) $\frac{x}{\sqrt{x}}$

e) $\sqrt[11]{x^{\left(2^3\right)} (-x)^8 \left(x^2\right)^3}$

f) $\sqrt{x} \cdot \sqrt[3]{x} \cdot \sqrt{\sqrt[3]{x}}$

Aufgabe 4 (Logarithmen ausrechnen Teil I)
Berechnen Sie (ohne Taschenrechner).

a) $\log_3(9)$

b) $\log_2\left(16^5\right)$

c) $\log_{\frac{3}{5}}\left(\frac{9}{25}\right)$

d) $\log_{49}(7)$

e) $\log_{a^4}\left(\sqrt{a}\right)$ mit $a > 0$

Aufgabe 5 (Logarithmen ausrechnen Teil II)
Berechnen Sie die Lösung mit Hilfe der ln-Funktion Ihres Taschenrechners.

a) $x = \log_7(12)$

b) $x = \log_{12}(7)$

c) $5^x = \frac{3}{2}$

d) $2^{3x} = \frac{4}{5}$

e) $3^x = 5 \cdot 4^x$

f) $8^{x+1} = 3^x$

g) $7e^{2x-1} = e^{4x}$

h) $x = \log_3(-9)$

Aufgabe 6 (Logarithmusgesetze)

Vereinfachen Sie die Ausdrücke (ohne Taschenrechner). Es seien $x, y, z > 0$.

a) $\frac{\ln(18) - \ln(2)}{\ln(3)}$

b) $\frac{(\ln(x) + 2\ln(xy) + 3\ln(y))\ln\left(\frac{1}{y}\right)}{\ln\left(\frac{1}{x^3y^5}\right)}$

c) $\ln\left(\sqrt{\sqrt[3]{xy^2\sqrt[4]{z}}}\right)$

Aufgabe 7 (Gleichungen und Logarithmus)

Lösen Sie die folgenden Gleichungen nach der angegebenen Variablen auf. Alle Variablen seien größer Null und $x_1 \neq x_2$.

a) $e^{-kP} = \frac{1}{3}$, nach P auflösen

b) $d = \frac{\ln(a) - \ln(b)}{x_1 - x_2}$, nach b auflösen

c) $T\left(\frac{1}{7}\right)^{\frac{K}{y}} = V$, nach y auflösen, wobei die Logarithmus-Basis im Ergebnis nur e sein darf (es soll also nur ln vorkommen).

Aufgabe 8 (Logarithmus-Funktion)

Es sei die allgemeine Form $f: \mathbb{R} \to \mathbb{R}$ mit $f(x) = \ln(ax + b)$ mit $a, b \in \mathbb{R}$ gegeben.

a) Bestimmen Sie a, b so, dass der Graph von f die x-Achse bei 4 schneidet und durch den Punkt $(5, \ln(3))$ geht. Bestimmen Sie die Abbildungsvorschrift, sowie den Definitions- und Wertebereich von f. Skizzieren Sie den Graphen.

b) Es seien $a = -2$ und $b = 3$. Bestimmen Sie die Nullstellen, den Definitions-, sowie den Wertebereich von f und skizzieren Sie den Graphen.

Zusatzaufgabe 9 (Umkehrfunktion)

Diese Aufgabe basiert auf Aufgabe 8 (Logarithmus-Funktion). Bestimmen Sie zu den beiden berechneten Funktionen jeweils die entsprechende Umkehrfunktion. Wie lauten jeweils die Definitions- und Wertebereiche? Skizzieren Sie die Graphen in die entsprechenden Koordinatenkreuze aus Aufgabe 8.

Hinweis: Umkehrfunktionen „heben sich gegenseitig auf", d. h. f und g sind Umkehrfunktionen voneinander, wenn gilt:

$$\forall x \in D_g: f(g(x)) = x \quad \wedge \quad \forall x \in D_f: g(f(x)) = x$$

Man kann die Abbildungsvorschrift der Umkehrfunktion erhalten, indem man die Gleichung $f(y) = x$ nach y auflöst.

■

5.5 Übersicht

Diese Übersicht dient zum schnellen Nachschlagen (z. B. in den Tutorien). Es empfiehlt sich, Lernhilfen und Übersichten selbst anzufertigen, da dies den Lernprozess unterstützt.

Potenzgesetze

Dies ist nur eine Kurzübersicht. Die Details zu den Definitionsbereichen der einzelnen Variablen sind den Ausführungen im entsprechenden Abschnitt zu entnehmen.

- $a^n \cdot a^m = a^{n+m}$
- $\frac{a^n}{a^m} = a^{n-m}$ mit $a \neq 0$
- $a^n \cdot b^n = (ab)^n$
- $\frac{a^n}{b^n} = \left(\frac{a}{b}\right)^n$, $b \neq 0$
- $(a^n)^m = a^{n \cdot m}$
- $\sqrt[n]{a^m} := a^{\frac{m}{n}}$
- $a^{-n} := \frac{1}{a^n}$
- $a^0 = 1$ und es gilt auch $0^0 = 1$
- $0^n = 0$ sofern $n \neq 0$

Logarithmus

Es gilt für reelle $a, b > 0$ mit Basis $a \neq 1$ der Zusammenhang:

$$x = \log_a(b) \Leftrightarrow a^x = b$$

Lies: „Logarithmus von b zur Basis a“. Meist wird die Eulerzahl $e \approx 2.71828\ldots$ als Basis verwendet (natürlicher Logarithmus, $\ln(x)$). Im Folgenden sei auch $c > 0$.

- $\log_a(b \cdot c) = \log_a(b) + \log_a(c)$
- $\log_a(\frac{b}{c}) = \log_a(b) - \log_a(c)$
- $\log_a(b^n) = n \cdot \log_a(b)$
- $\log_a(1) = 0$, denn es gilt stets $a^0 = 1$
- $\log_a(a) = 1$, denn es gilt stets $a^1 = a$.
- $a^{\log_a(b)} = b$
- $\log_a(b) = \frac{\log_c(b)}{\log_c(a)}$ (Basiswechsel, hier $a, c \neq 1$)

5.6 Lösungen zu den Verständnisfragen

(33) Natürliche und ganzzahlige Exponenten

$$(-2)^3 + \left(\frac{1}{3}\right)^2 + \left(\frac{1}{4}\right)^{-2} - 3^{-2} = -8 + \frac{1}{9} + 16 - \frac{1}{9} = 8$$

(34) Rationale Exponenten und Wurzeln

$$\sqrt[4]{16}-\sqrt{\frac{1}{4}}+\sqrt[4]{2^{-4}}=\sqrt[4]{2^4}-\sqrt{2^{-2}}+2^{\frac{-4}{4}}=2-\frac{1}{2}+\frac{1}{2}=2$$

(35) Potenzgesetze

(a) 0^n ist nicht für $n<0$ definiert, da dann die Null in den Nenner wandern würde. Beispiel: $0^{-2}=(0^2)^{-1}=0^{-1}=\frac{1}{0}$.

(b) Es ist:

$$\frac{\sqrt[5]{x^{10}}}{\left(x^8x^{-6}\right)^{-1}}=\frac{x^{\frac{10}{5}}}{\left(x^{8-6}\right)^{-1}}=\frac{x^2}{\left(x^2\right)^{-1}}=\frac{x^2}{x^{-2}}=x^2\cdot x^2=x^4$$

(36) Logarithmus

(a) $x=\log_5(125)\Leftrightarrow 5^x=125$, also $x=3$

(b) $x=\log_3(81)\Leftrightarrow 3^x=81$, also $x=4$

(37) Rechenregeln Logarithmus

$$\begin{aligned}
& 3^{5x}=27\cdot 9^{x+2} && \mid \text{Anwendung } \log_3 \text{ auf beiden Seiten}\\
\Leftrightarrow\ & \log_3\left(3^{5x}\right)=\log_3\left(27\cdot 9^{x+2}\right) && \mid \text{links 3., rechts 1.}\\
\Leftrightarrow\ & 5x\cdot\log_3(3)=\log_3(27)+\log_3\left(9^{x+2}\right) && \mid \text{links 5.}\\
\Leftrightarrow\ & 5x\cdot 1=\log_3\left(3^3\right)+\log_3\left(\left(3^2\right)^{x+2}\right) && \mid \text{rechts 3.}\\
\Leftrightarrow\ & 5x=3\cdot\log_3(3)+\log_3\left(3^{2(x+2)}\right) && \mid \text{rechts 5., 3.}\\
\Leftrightarrow\ & 5x=3\cdot 1+2(x+2)\log_3(3) && \mid \text{rechts 5.}\\
\Leftrightarrow\ & 5x=3+2(x+2)\cdot 1\\
\Leftrightarrow\ & 3x=7\\
\Leftrightarrow\ & x=\frac{7}{3}
\end{aligned}$$

(38) Wichtige Basen und Basiswechsel

$$\log_7(100)=\frac{\lg(100)}{\lg(7)}=\frac{2}{\lg(7)}$$

(39) Die Exponential- und die Logarithmusfunktion

Der Flächeninhalt beträgt am Anfang $210\cdot 297=62370\,\text{mm}^2$. Bei jeder Faltung wird die Fläche halbiert. Da wir bis zum Mond 42 mal falten müssen, wird die Fläche also 42 mal halbiert, also:

$$\frac{62370}{2^{42}}\approx 1.42\cdot 10^{-8}=0.0000000142\,\text{mm}^2$$

Wir könnten das Papier nicht mehr mit dem bloßen Auge sehen.

6 Trigonometrie und Finanzmathematik

Diese beiden Themen behandeln wir in einem Kapitel, wobei man je nach Studiengang etwas mehr Gewicht auf die Trigonometrie (Ingenieurstudiengänge) bzw. auf die Finanzmathematik (Wirtschaftsstudiengänge) legen kann.

6.1 Trigonometrie

Grundkenntnisse der Trigonometrie sind für viele komplexere Themen eine absolute Grundlage. Durch sogenannte Polarkoordinaten können einige Berechnungen deutlich vereinfacht werden und die komplexen Zahlen, die insbesondere in der Elektrotechnik von großer Bedeutung sind, sind ohne Grundkenntnisse der Trigonometrie kaum nutzbar. Auf eine Anwendung aus der Statik, die üblicherweise bereits im ersten Semester (z. B. Maschinenbaustudium) behandelt wird, gehen wir später ein. Auch in den Wirtschaftswissenschaften kommen trigonometrische Funktionen zur Anwendung, so z. B. in der Zeitreihenanalyse von Aktienkursentwicklungen oder dem Elastizitätswert bei linearen Nachfragefunktionen.

6.1.1 Vom Dreieck zum Sinus

Wir betrachten ein Dreieck zwischen den Punkten A, B und C (vgl. Bild 6.1 links). Die gegenüberliegenden Seiten bezeichnen wir mit den kleingeschriebenen Buchstaben, also a, b und c. Die Winkel werden entsprechend der Punkte, an denen sie gemessen werden, mit α (Alpha), β (Beta) und γ (Gamma) benannt. Wir betrachten hier ein rechtwinkliges Dreieck mit $\gamma = 90°$.

Gehen wir vom Winkel α aus, so bezeichnen wir die Seite b mit dem Begriff **Ankathete**, die Seite a mit **Gegenkathete** und die Seite gegenüber des rechten Winkels nennen wir **Hypotenuse** (vgl. Bild 6.1 rechts).

Der berühmte **Satz des Pythagoras** besagt nun, dass in einem *rechtwinkligen* Dreieck die Summe der quadrierten Kathetenlängen gleich dem Quadrat der Hypotenusenlänge ist. Kurz:

$$a^2 + b^2 = c^2 \overset{a,b,c>0}{\Leftrightarrow} c = \sqrt{a^2 + b^2}$$

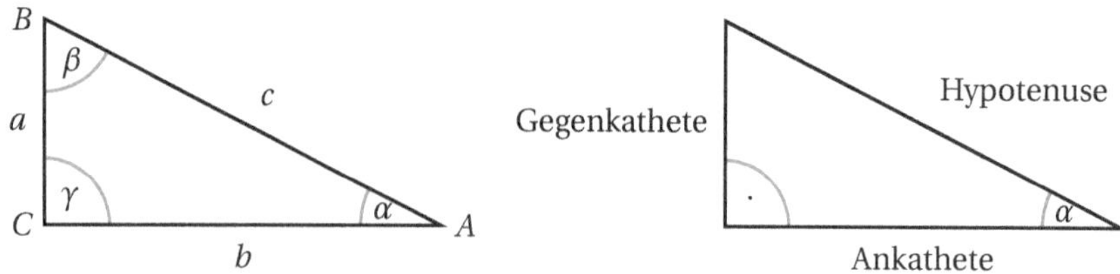

Bild 6.1 Rechtwinkliges Dreieck, rechts mit Beschriftung bzgl. Winkel α

Es gibt mittlerweile mehrere hunderte Arten diesen Satz zu beweisen und vermutlich haben Sie mindestens einen während Ihrer Schulzeit gesehen.

Wahrscheinlich erinnern Sie sich auch daran, dass die **Innenwinkelsumme** eines jeden Dreiecks (auch nicht-rechtwinklige) stets 180° beträgt:

$$\alpha + \beta + \gamma = 180°$$

Dies kann man sofort aus dem **Wechselwinkelsatz** folgern, der aus der Schule bekannt sein dürfte. Dieser wird in Bild 6.2 visualisiert und lautet:

> Wechselwinkel sind genau dann gleich groß, wenn sie an parallelen Geraden liegen.

Die parallelen Geraden sind hier die horizontalen Linien. Man kann nun deutlich sehen, weshalb die Innenwinkelsumme dem Winkel eines Halbkreises, also 180°, entspricht.

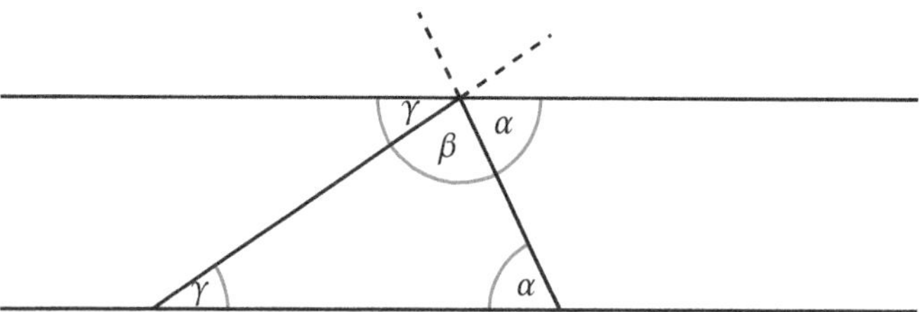

Bild 6.2 Veranschaulichung zum Wechselwinkelsatz und zur Innenwinkelsumme

Interessant für uns ist noch folgende Aussage des sogenannten **Ähnlichkeitssatzes**: Führt man eine zentrische Streckung[1] an einem rechtwinkligen Dreieck durch, so bleiben die Winkel gleich groß (vgl. Bild 6.3). Die durch die Streckung entstandenen längeren Strecken nennen wir a', b' und c'.

Der **Strahlensatz** sagt etwas über die herrschenden Seitenverhältnisse aus. Es gelten:

$$\frac{a}{b} = \frac{a'}{b'}, \quad \frac{a}{c} = \frac{a'}{c'}, \quad \frac{b}{c} = \frac{b'}{c'}$$

Aufgrund dieser immer gleichbleibenden Seitenverhältnisse und Winkel, ist es sinnvoll, folgende Begriffe im rechtwinkligen Dreieck festzulegen:

[1] Bei einer zentrischen Streckung werden alle Strecken in einem bestimmten Verhältnis vergrößert oder verkleinert, wobei die Strecken nach der zentrischen Streckung jeweils zu den ursprünglichen Strecken parallel sind (vgl. Bild 6.3).

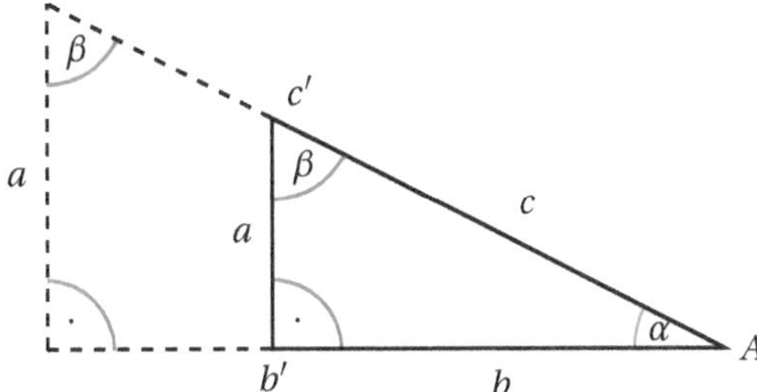

Bild 6.3 Nach zentrischer Streckung bleiben die Winkel gleich groß

- **Sinus:**

$$\sin(\alpha) = \frac{a}{c} = \frac{\text{Gegenkathete}}{\text{Hypotenuse}}$$

- **Kosinus:**

$$\cos(\alpha) = \frac{b}{c} = \frac{\text{Ankathete}}{\text{Hypotenuse}}$$

Aus diesen beiden Begriffen lassen sich auch die beiden folgenden bilden:

- **Tangens:**

$$\tan(\alpha) = \frac{\sin(\alpha)}{\cos(\alpha)} = \frac{a}{b} = \frac{\text{Gegenkathete}}{\text{Ankathete}}$$

- **Kotangens:**

$$\text{cotan}(\alpha) = \frac{\cos(\alpha)}{\sin(\alpha)} = \frac{b}{a} = \frac{\text{Ankathete}}{\text{Gegenkathete}}$$

Die offensichtlichste Nützlichkeit in den neuen Begriffen besteht darin, dass sich fehlende Informationen zu rechtwinkligen Dreiecken schnell berechnen lassen.

Beispiel:
Es sei $a = 5$, $b = 3$ (z. B. in cm) und $\gamma = 90°$. Gesucht sind die fehlenden Werte, also c, α und β. Durch den Satz des Pythagoras erhalten wir sogleich:

$$c = \sqrt{a^2 + b^2} = \sqrt{25 + 9} = \sqrt{34} \approx 5.38\,\text{cm}$$

Exakte Längenangaben haben wir durch die Aufgabe beispielsweise zur Gegenkathete und zur Ankathete (bzgl. α) vorliegen. Damit gilt:

$$\tan(\alpha) = \frac{\text{Gegenkathete}}{\text{Ankathete}} = \frac{5}{3}$$

Der Arkustangens ist die Umkehrfunktion zum Tangens, d. h. $\arctan(\tan(x)) = x$ (analog Arkussinus, Arkuskosinus, Arkustangens[2]). Der Taschenrechner gibt uns nun:

$$\alpha = \arctan\left(\frac{5}{3}\right) \approx 59.04°$$

[2] Auf dem Taschenrechner oft als $\tan^{-1}$ zu finden.

Wenden wir nun den Innenwinkelsatz an, so ergibt sich der fehlende dritte Winkel:

$$\beta = 180 - \alpha - \gamma \approx 30.96°$$

Man hätte auch andere Verhältnisse nutzen können, um diese Aufgabe zu lösen. ▲

Verständnisfrage 40
Lösen Sie die Beispielaufgabe (rechtwinkliges Dreieck mit $a = 5$ und $b = 3$) über den Kosinus. ■

6.1.2 Grad- und Bogenmaß

Es gibt zwei Arten, einen Winkel anzugeben: Per Gradmaß (z. B. 90°) oder per Bogenmaß (z. B. $\frac{\pi}{2}$). Um das Bogenmaß zu verstehen, erinnern wir uns zunächst daran, dass ein Kreis mit Radius $r = 1$ den Umfang $U = 2\pi r = 2\pi$ hat. Ein solcher Kreis mit Radius $r = 1$ und Mittelpunkt im Koordinatenursprung wird Einheitskreis genannt (vgl. Bild 6.4). Gehen wir diesen Kreis vom Punkt $(1,0)$ aus gegen den Uhrzeigersinn entlang, so wird die gelaufene Strecke immer länger. Umrunden wir den Kreis vollständig, so sind wir insgesamt eine Strecke der Länge 2π gegangen. Der Winkel α zwischen unserer Position und der positiven x-Achse wird dabei ebenfalls immer größer, nämlich von 0° bis schließlich 360°.

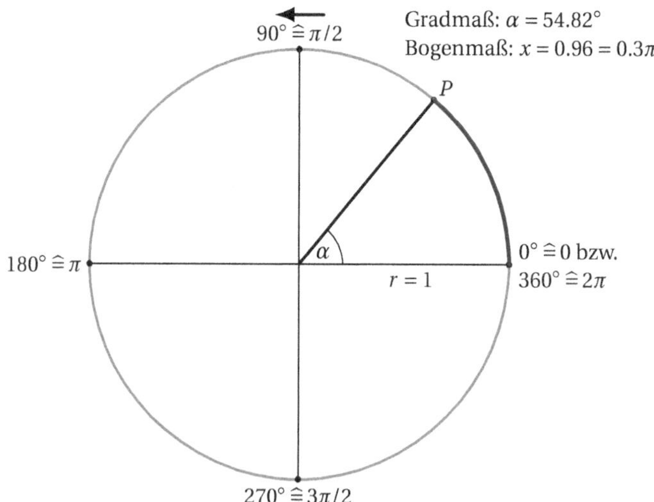

Bild 6.4 Grad- und Bogenmaß am Einheitskreis

Wir können also eine direkte Verbindung zwischen dem Winkel α (in Gradmaß) und unserer gelaufenen Strecke (Bogenmaß) herstellen. So entspricht offensichtlich

$$360° \mathrel{\widehat{=}} 2\pi \qquad \text{und insb. } 0° \mathrel{\widehat{=}} 0\pi$$

Kennen wir ein Gradmaß (wie z. B. 90°), so müssen wir laut Dreisatz lediglich 2π durch 360° teilen und mit dem gegebenem Gradmaß multiplizieren (also z. B. $\frac{2\pi}{360°} \cdot 90° = \frac{\pi}{2}$). Insgesamt ergibt sich aus diesen Überlegungen die **allgemeine Verhältnisgleichung** für das Bogenmaß x und das Gradmaß α:

$$\frac{x}{2\pi} = \frac{\alpha}{360°}$$

Im Allgemeinen ist es einfacher und schneller, wenn man $180° \mathrel{\hat{=}} \pi$ ansetzt und per Dreisatz die Lösung bestimmt.

GeoGebra: Einheitskreis
Sie können durch Bewegen von Punkt P den Winkel α ändern und erhalten dazu entsprechend das Grad- bzw. Bogenmaß.
■

Beispiel:
Gegeben sei das Bogenmaß $x = \frac{\pi}{5}$, so ist das Gradmaß laut Verhältnisgleichung:

$$\alpha = \frac{\frac{\pi}{5}}{2\pi} \cdot 360° = \frac{360°}{10} = 36°$$

Per Dreisatz wäre es noch einfacher:

$$180° \mathrel{\hat{=}} \pi \overset{\cdot\frac{1}{5}}{\Rightarrow} \alpha = \frac{180°}{5} = 36°$$

Gegeben sei das Gradmaß $\alpha = 10°$, dann ist das Bogenmaß

$$x = \frac{10°}{360°} \cdot 2\pi = \frac{1}{18}\pi$$

Oder per Dreisatz:

$$180° \mathrel{\hat{=}} \pi \overset{\cdot\frac{1}{18}}{\Rightarrow} x = \frac{\pi}{18}$$
▲

Verständnisfrage 41
Bestimmen Sie in Grad- bzw. Bogenmaß: $\frac{\pi}{12}$ und 120°.
■

Sind Winkel größer als 360°, so reduziert man diese ggf. um ein entsprechendes Vielfaches von 360, sodass der neue Winkel wieder im Bereich [0°, 360°[liegt. Dies ist im Allgemeinen zulässig, da man nach einer Kreisumrundung wieder am Anfang steht:

$$745° \mathrel{\hat{=}} (745 - 2 \cdot 360)° = (745 - 720)° = 25°$$

Übrigens geht man analog (mit Addition) vor, wenn ein negativer Winkel[3] in einer Rechnung auftaucht: $-90° \mathrel{\hat{=}} (-90 + 360)° = 270°$.

[3] Ein negativer Winkel bedeutet nichts anderes, als den Kreis im (statt gegen den) Uhrzeigersinn zu laufen.

6.1.3 Sinussatz und Kosinussatz

Wir sind nun an allgemeinen Dreiecken interessiert, d. h. es wird kein rechter Winkel mehr gefordert (vgl. Bild 6.5). Mit h_b ist die Höhenlinie gemeint, sie steht senkrecht auf der Strecke $\overline{AC}$ und geht durch B, wodurch wir wieder zwei rechtwinklige Dreiecke erhalten, in denen wir unsere bekannten Formeln verwenden dürfen.

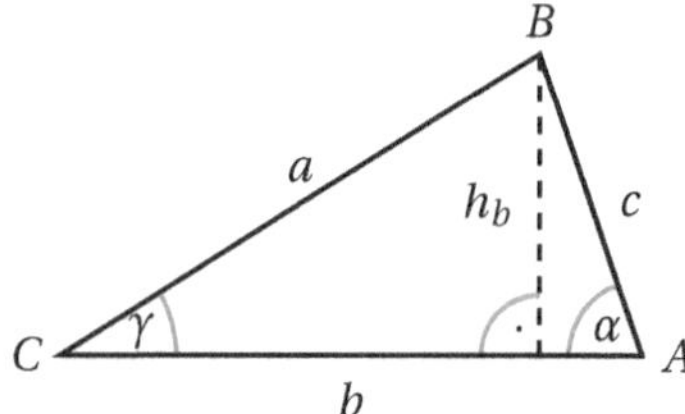

Bild 6.5 Dreieck mit Höhenlinie h_b

In dem linken bzw. rechten Teildreieck gilt also:

$$\sin(\gamma) = \frac{h_b}{a} \quad \text{und} \quad \sin(\alpha) = \frac{h_b}{c}$$

Stellen wir die beiden Gleichungen jeweils nach h_b um, so erhalten wir:

$$h_b = a \cdot \sin(\gamma) \quad \text{und} \quad h_b = c \cdot \sin(\alpha)$$

Damit folgt:

$$\frac{a}{\sin(\alpha)} = \frac{c}{\sin(\gamma)}$$

Um auch den Zusammenhang zu $\frac{b}{\sin(\beta)}$ zu erhalten, fällen wir das Lot von Punkt C auf die Strecke $\overline{AB}$. Die neue Höhenlinie nennen wir h_c (vgl. Bild 6.6).

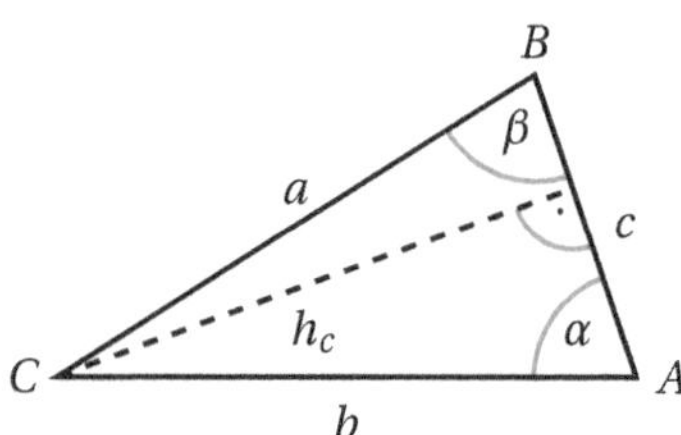

Bild 6.6 Dreieck mit Höhenlinie h_c

Im unteren bzw. oberen inneren Dreick gelten hier:

$$\sin(\alpha) = \frac{h_c}{b} \quad \text{und} \quad \sin(\beta) = \frac{h_c}{a}$$

Umstellen nach h_c ergibt die Gleichungen:

$$h_c = b \cdot \sin(\alpha) \quad \text{und} \quad h_c = a \cdot \sin(\beta)$$

Somit folgt mit Beachtung der Ergebnisse von oben der **Sinussatz**:

$$\frac{a}{\sin(\alpha)} = \frac{b}{\sin(\beta)} = \frac{c}{\sin(\gamma)}$$

Dieser gilt in jedem Dreieck, also insbesondere auch in jenen ohne rechten Winkel.

Beispiel:
Gegeben sei ein Dreieck mit den Winkeln $\gamma = 105°$ und $\alpha = 40°$ sowie der Seitenlänge $c = 12\,\text{cm}$. Nach Innenwinkelsumme folgt:

$$\beta = 180° - \alpha - \gamma = 180° - 40° - 105° = 35°$$

Es liegt kein rechter Winkel vor, aber den Sinussatz können wir dennoch anwenden:[4]

$$\frac{a}{\sin(40°)} = \frac{12}{\sin(105°)} \Rightarrow a = 12 \cdot \frac{\sin(40°)}{\sin(105°)} \approx 7.99\,\text{cm}$$

Auf die gleiche Weise können wir auch die Seitenlänge b berechnen:

$$b = 12 \cdot \frac{\sin(35°)}{\sin(105°)} \approx 7.13\,\text{cm}$$ ▲

Der **Kosinussatz** verallgemeinert den Satz des Pythagoras auf beliebige Dreiecke:

$$c^2 = a^2 + b^2 - 2ab\cos(\gamma)$$

Hierbei ist γ der von den Seiten a und b eingeschlossene Winkel. Bei $\gamma = 90°$ (also in einem rechtwinkligen Dreieck mit Hypotenuse c) ergibt sich der bekannte Satz des Pythagoras als Spezialfall, da $\cos(90°) = 0$ ist.

Beispiel:
Im Beispiel zuvor hätten wir also die letzte Seitenlänge auch über den Kosinussatz bestimmen können. Man beachte, dass wir nun b suchen und die beiden gegebenen Seiten a und c sind. Der von ihnen eingeschlossene Winkel ist β. Daher ist:

$$b^2 = a^2 + c^2 - 2ac\cos(\beta) \approx 7.99^2 + 12^2 - 2 \cdot 7.99 \cdot 12 \cdot \cos\left(35°\right) \approx 50.76$$

Somit ist auch nach dieser Rechnung $b \approx \sqrt{50.76} \approx 7.13\,\text{cm}$. ▲

Verständnisfrage 42
Gegeben sei ein Dreieck mit $a = 5\,\text{cm}$, $b = 3\,\text{cm}$, $\beta = 30°$. Bestimmen Sie c, α und γ. ■

[4] Achten Sie darauf, dass Ihr Taschenrechner auf DEG (Degree) gestellt ist. Falls Sie sich unsicher sind: Kommt bei Eingabe von cos(90) die Null heraus? Falls ja, so ist der Taschenrechner im gewünschten Modus. Wollen Sie im Bogenmaß arbeiten, so lautet der Modus üblicherweise RAD (Radian). Hier muss bei $\cos(\pi)$ das Ergebnis -1 sein.

6.1.4 Eigenschaften der trigonometrischen Funktionen

Wir erinnern uns zunächst an den Einheitskreis, welcher seinen Mittelpunkt im Ursprung und einen Radius von $r = 1$ hat. Betrachten wir einen Punkt $P = (x_P, y_P)$ auf dem Rand des Einheitskreises, so ergibt sich im Kreisinneren ein rechtwinkliges Dreieck (siehe Bild 6.7), indem wir von P das Lot auf die x-Achse fällen.

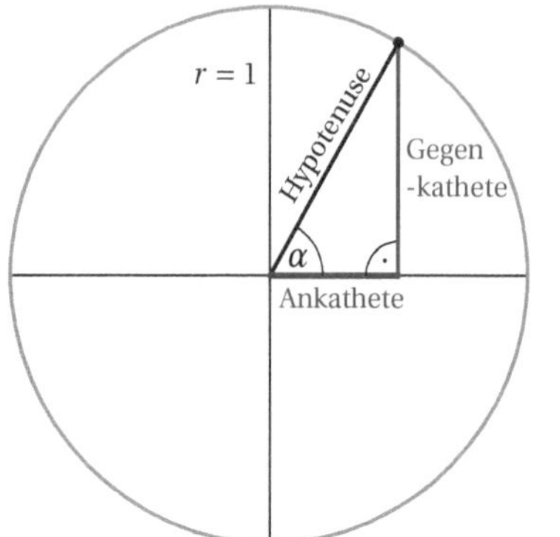

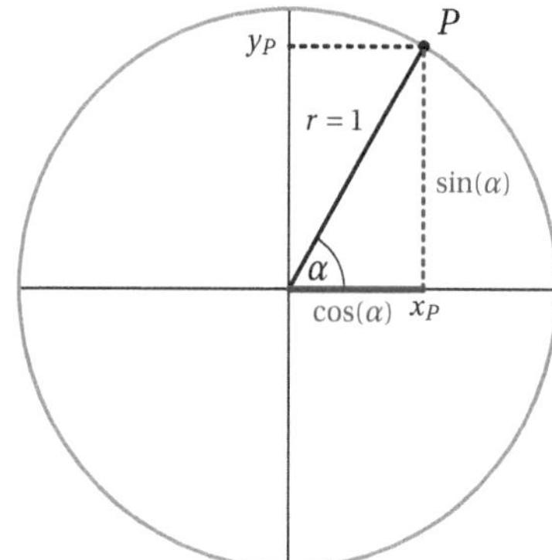

Bild 6.7 Sinus und Kosinus im Einheitskreis

Im Einheitskreis ist die Länge der Hypotenuse konstant $r = 1$, also gilt hier:

$$\sin(\alpha) = \frac{\text{Gegenkathete}}{\text{Hypotenuse}} = \text{Gegenkathete} = y_P$$

$$\cos(\alpha) = \frac{\text{Ankathete}}{\text{Hypotenuse}} = \text{Ankathete} = x_P$$

Wir sehen, dass der Kosinus die x-Koordinate (also gewissermaßen die „Breite“) und der Sinus die y-Koordinate (die „Höhe“) eines Punktes auf dem Kreisbogen angeben.
Wir können einige Eigenschaften von Sinus und Kosinus ablesen (vgl. Tabelle 6.1).

x	0	$\frac{\pi}{2}$	π	$\frac{3\pi}{2}$	2π	...
$\sin(x)$	0	1	0	−1	0	...
$\cos(x)$	1	0	−1	0	1	...

Tabelle 6.1 Kurze Wertetabelle zu Sinus und Kosinus

Ab hier wiederholt sich alles 2π-periodisch, d. h. $\sin(x \pm 2\pi) = \sin(x)$ und $\cos(x \pm 2\pi) = \cos(x)$, da man im Kreis wieder von vorne beginnt.

Beim Winkel von 45° (bzw. $\frac{\pi}{4}$) sind Ankathete und Gegenkathete gleich lang. Das bedeutet nach Pythagoras (mit $c = 1$):

$$1 = \sqrt{a^2 + b^2} = \sqrt{2a^2} \overset{a \geq 0}{=} \sqrt{2}a$$

Und damit folgt, dass $a = \frac{1}{\sqrt{2}}$ ist. Also gilt:

$$\sin\left(\frac{\pi}{4}\right) = \cos\left(\frac{\pi}{4}\right) = \frac{1}{\sqrt{2}}$$

Wir listen nun einige wichtige Eigenschaften von Sinus und Kosinus auf. Wir beschränken uns hier darauf, festzuhalten, dass man sie vom Einheitskreis ablesen kann. Saubere mathematische Beweise werden ggf. im Studium gezeigt werden. Es macht übrigens keinen Unterschied, ob man $\sin^2(\alpha)$ oder $(\sin(\alpha))^2$ schreibt. Ersteres ist einfach kürzer und gebräuchlich.

- $\sin(\alpha), \cos(\alpha) \in [-1, 1]$
- $\sin^2(\alpha) + \cos^2(\alpha) = 1$ (nach Pythagoras, sehr wichtig!)
- $\sin(\alpha) = \sin(\pi - \alpha)$, $\cos(\alpha) = -\cos(\pi - \alpha)$
- $\sin(\alpha + 2\pi k) = \sin(\alpha)$, $\cos(\alpha + 2\pi k) = \cos(\alpha)$, $k \in \mathbb{Z}$ (2π-periodisch)
- $\sin(-\alpha) = -\sin(\alpha)$, $\cos(-\alpha) = \cos(\alpha)$ (Symmetrie)
- $\sin(\alpha) = \cos(\frac{\pi}{2} - \alpha)$, $\cos(\alpha) = \sin(\frac{\pi}{2} - \alpha)$ (sin-cos-Zusammenhang)

Aus der häufig genutzten Gleichung $\sin^2(\alpha) + \cos^2(\alpha) = 1$ lässt sich ein Zusammenhang zum Tangens aufstellen (sofern $\alpha \neq \frac{\pi}{2} + \pi k$ mit $k \in \mathbb{Z}$ ist):

- $\sin^2(\alpha) = \frac{\tan^2(\alpha)}{1+\tan^2(\alpha)}$
- $\cos^2(\alpha) = \frac{1}{1+\tan^2(\alpha)}$

Wir betrachten die Herleitung für den ersten Zusammenhang. Im ersten Schritt erweitern wir mit $\cos^2(\alpha)$, um den Tangens in die Gleichung zu bekommen. Im weiteren Verlauf ersetzen wir 1 durch $\sin^2(\alpha) + \cos^2(\alpha)$. Alles übrige basiert auf den Bruchrechenregeln.

$$\begin{aligned}
\sin^2(\alpha) &= \frac{\sin^2(\alpha)}{\cos^2(\alpha)} \cos^2(\alpha) \\
&= \tan^2(\alpha) \cdot \cos^2(\alpha) \\
&= \frac{\tan^2(\alpha)}{\frac{1}{\cos^2(\alpha)}} \\
&= \frac{\tan^2(\alpha)}{\frac{\sin^2(\alpha)+\cos^2(\alpha)}{\cos^2(\alpha)}} \\
&= \frac{\tan^2(\alpha)}{\tan^2(\alpha) + 1}
\end{aligned}$$

Von zentraler Bedeutung sind auch die **Additionstheoreme**:

- $\sin(\alpha \pm \beta) = \sin(\alpha) \cdot \cos(\beta) \pm \cos(\alpha) \cdot \sin(\beta)$
- $\cos(\alpha \pm \beta) = \cos(\alpha) \cdot \cos(\beta) \mp \sin(\alpha) \cdot \sin(\beta)$

Man beachte beim Kosinus das umgedrehte Vorzeichen (Rechenzeichen).
Viele nützliche Formeln leiten sich aus den genannten Zusammenhängen ab.

Beispiel:

$$\sin(2\alpha) = \sin(\alpha + \alpha) = \sin(\alpha) \cdot \cos(\alpha) + \cos(\alpha) \cdot \sin(\alpha) = 2\sin(\alpha)\cos(\alpha)$$ ▲

Verständnisfrage 43

a) Zeigen Sie, dass $\cos^2(x) = \frac{1}{1+\tan^2(x)}$ ist ($\alpha \neq \frac{\pi}{2} + \pi k$ mit $k \in \mathbb{Z}$). Tipp: Pythagoras.

b) Bestimmen Sie $\cos\left(\frac{\pi}{2} + \arcsin\left(\frac{1}{5}\right)\right)$ über das Additionstheorem und ohne Taschenrechner! Es ist viel einfacher, als es zunächst wirken mag.

Mittels der hergeleiteten Eigenschaften können wir nun die Funktionsgraphen entwickeln (vgl. Bild 6.8). Man beachte die Nullstellen, Hoch- und Tiefpunkte von Sinus und Kosinus, sowie die Tatsache, dass ihr Wertebereich stets $[-1, 1]$ beträgt. Die Graphen von Tangens, Kotangens und den Umkehrfunktionen finden Sie am Ende des Kapitel im Übersichtsbereich.

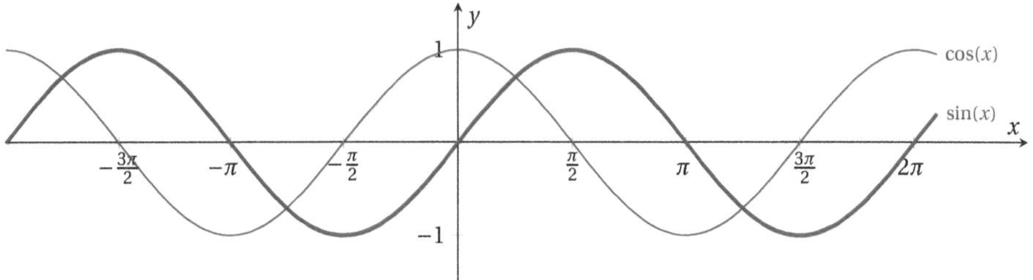

Bild 6.8 Graphen der trigonometrische Funktionen Sinus und Kosinus

GeoGebra: SinCosTanCot
Sie können Sinus, Kosinus, Tangens und Cotangens am Einheitskreis und im kartesischen Koordinatenkreuz vergleichen (beweglicher Punkt auf dem Kreis).

6.1.5 Anwendungsbeispiel Kräftezerlegung

Wir betrachten eine einzelne konstante Kraft F, die auf ein festes, statisches Objekt wie z. B. eine Verankerung einwirkt (vgl. Bild 6.9). In der Statik fragt man sich nun, welche Kräfte F_x und F_y dadurch entlang der Achsen, also von rechts/links (F_x) bzw. oben/unten (F_y), wirken.

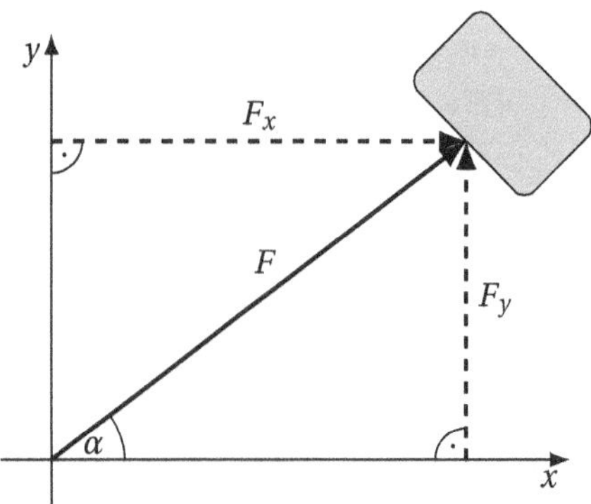

Bild 6.9 Krafteinwirkung auf statisches Objekt

Wir spalten die Kraft F also in die zwei Kräfte F_x und F_y auf, die jeweils parallel zu den Achsen laufen. Somit reduziert sich die Betrachtung auf ein rechtwinkliges Dreieck (vgl. Bild 6.10).

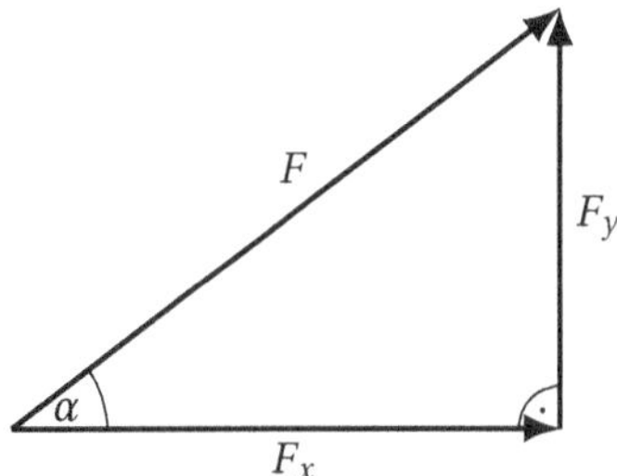

Bild 6.10 Fokus auf rechtwinkliges Dreieck

Laut Definition von Kosinus und Sinus gilt:

$$\cos(\alpha) = \frac{F_x}{F} \Leftrightarrow F_x = F\cos(\alpha)$$
$$\sin(\alpha) = \frac{F_y}{F} \Leftrightarrow F_y = F\sin(\alpha)$$

Beispiel:
Die Kraft betrage 20 Newton, d. h. $F = 20\,\mathrm{N}$, und der Winkel $\alpha = 15°$, so gilt (hier in Grad- und Bogenmaß):

$$F_x = F\cos(\alpha) = 20\cdot\cos\left(15°\right) = 20\cdot\cos\left(\frac{15}{180}\pi\right) \approx 19.32\,\mathrm{N}$$
$$F_y = F\sin(\alpha) = 20\cdot\sin\left(15°\right) = 20\cdot\sin\left(\frac{15}{180}\pi\right) \approx 5.18\,\mathrm{N}$$

Die Probe (via Pythagoras) bestätigt die Richtigkeit:

$$\sqrt{F_x^2 + F_y^2} \approx \sqrt{19.32^2 + 5.18^2} \approx 20\,\mathrm{N} = F$$ ▲

6.2 Finanzmathematik

Über die Bedeutung der Finanzmathematik brauchen wir keine Worte zu verlieren. Wir gehen hier auf die absoluten Grundlagen ein, also Prozent- und Zinsrechnung. Die entsprechende Vertiefung erfolgt dann je nach Studiengang im Laufe Ihres Studiums.
Die Variablen in den folgenden Abschnitten sind im finanzmathematischen Kontext zu sehen, stehen also üblicherweise für positive Zahlen.

6.2.1 Grundlagen der Prozentrechnung

Der Ausdruck **Prozent** (Symbol: %) stammt vom italienischen „per cento" und bedeutet „für Hundert" bzw. „von Hundert". Durch die Angabe von Prozenten wollen wir eine gewisse Größe zu einem einheitlichen Grundwert (nämlich Hundert) ins Verhältnis setzen und damit Größenverhältnisse vergleichbar machen und veranschaulichen. So bedeutet beispielsweise $17\,\% = \frac{17}{100} = 0.17$ also 17 von 100.

Wir unterscheiden zwischen vier Begriffen:

- **Grundwert** (Basis) G: Dieser Wert entspricht 100 %.
- **Prozentfuß** p: Dies ist die Zahl vor dem Prozentzeichen (%).
- **Prozentsatz** $\frac{p}{100}$: Der Prozentfuß geteilt durch 100.
- **Prozentwert** W: Dieser Wert entspricht $p\,\%$ des Grundwertes.

Beispiel:
Die Miete von 500€ wird um 10 % erhöht. Der Grundwert ist $G = 500€$ und der Prozentfuß ist $p = 10$. Damit ist der Prozentsatz $\frac{10}{100} = 0.1$. Der Prozentwert ist also 50€, um den die Miete steigt (nämlich 10 % von 500€). ▲

Die naheliegende Formel, aus der man alle weiteren Zusammenhänge zwischen den Begriffen durch Umstellen sofort ableiten kann, lautet:

$$\frac{\text{Prozentwert } W}{\text{Grundwert } G} = \frac{\text{Prozentfuß } p}{100}$$

Beispiel:
Wissen wir beispielsweise, dass der Prozentwert (zur Mietsteigerung) 50€ beträgt und der Prozentfuß 10 ist, so stellen wir die Formel nach G um und erhalten die ursprüngliche Miete:

$$G = W \cdot \frac{100}{p} = 50€ \cdot \frac{100}{10} = 500€$$ ▲

Eine alternative Vorgehensweise läuft über den Dreisatz. Wir nutzen hier das „Entspricht-Symbol" ($\hat{=}$), um deutlich zu machen, dass keine Gleichheit im Sinne der Einheiten gemeint ist.

Beispiel:
Wenn der Grundwert 500€ beträgt, also den 100 % entspricht, wie viel sind dann 10 % davon? Als „Entspricht-Gleichung":

$$500€ \hat{=} 100\,\%$$

Wir teilen beide Seiten durch 10 und erhalten den gesuchten Prozentwert (50€). ▲

Ist die Lösung nicht so offensichtlich, so teilt man erst beide Seiten durch 100 und multipliziert dann mit dem gewünschten Prozentfuß (Hilfsfrage: „Was entspricht 1 %?").

Beispiel:
Natürlich kann man auch auf ähnliche Weise herausfinden, wie viel Prozent beispielsweise 23€ von 500€ entsprechen. Man finde zunächst heraus, was 1€ entspricht, indem man

beide Seiten der „Entspricht-Gleichung“ durch 500 teilt. Anschließend multiplizieren wir die Gleichung mit 23 und erhalten den gesuchten Prozentsatz:

$$
\begin{aligned}
& 500€ \mathrel{\hat{=}} 100\,\% \\
\Leftrightarrow \quad & 1€ \mathrel{\hat{=}} \frac{100}{500} = 0.2\,\% \\
\Leftrightarrow \quad & 23€ \mathrel{\hat{=}} 23 \cdot 0.2\,\% = 4.6\,\%
\end{aligned}
$$

▲

Will man einem Grundwert G einen Prozentwert W zuschlagen (hinzuaddieren), wie beispielsweise bei der Umrechnung von Netto- in Bruttopreisen, so lässt sich dies leicht wie folgt durchführen:

$$G + W = G + \frac{p}{100} \cdot G = G\left(1 + \frac{p}{100}\right)$$

Beispiel:
Der Nettopreis für ein Gericht an einer Imbissbude betrage 2.34€. Wie viel bezahlt der Kunde bei einer Mehrwertsteuer[5] von 7 %? Dies sind nach der gerade erwähnten Formel:

$$2.34€ \cdot 1.07 = 2.50€$$

Natürlich kann man auch diese Formel entsprechend der Problemstellung passend umstellen. ▲

Verständnisfrage 44

a) Wie viel Prozent entspricht eine Stundenlohnsteigerung von 12 auf 14 Euro?
b) Ein Kunde erhält auf ein Produkt, das normalerweise 226€ kostet, einen Rabatt von 12 Prozent. Was muss er nun zahlen? ■

6.2.2 Zins und Zinseszins

6.2.2.1 Jahreszinsen

Zinsen Z erhöhen ein Kapital K (bei uns in €) in Abhängigkeit des bestehenden Zinssatzes $\frac{p}{100}$ bzw. $p\,\%$ (mit Zinsfuß p).
Wenn wir beispielsweise einen jährlichen Zinssatz von 10 % betrachten, so würden wir erwarten, dass $\frac{10}{100} = \frac{1}{10}$, also ein Zehntel des Kapitals zu unserem ursprünglichen Kapital hinzugefügt werden wird.
Es gilt also für eine einmalige Verzinsung:

$$Z = K \cdot \frac{p}{100}$$

[5] Die Mehrwertsteuer wird ausgehend vom Nettobetrag berechnet und diesem dann zugeschlagen.

Kennen wir den Zinssatz und die erhaltenen Zinsen, so ergibt sich das Kapital entsprechend durch Umstellen: $K = Z \cdot \frac{100}{p}$. Analog lässt sich dies natürlich auch zum Zinssatz umstellen, wenn Zinsen und Kapital bekannt sind.
Wird Geld über n Jahre angelegt (gleichbleibender Zinssatz, keine Zinseszinsen), so kommen die gleichen Zinsen entsprechend jedes Jahr hinzu:

$$Z = K \cdot \frac{p}{100} \cdot n$$

Beispiel:
Legt man $K = 300$ Euro bei einem Zinssatz von 5% an, so erhält man jährlich Zinsen in Höhe von:

$$Z = 300€ \cdot 0.05 = 15€$$

Bleibt der Zinssatz gleich und wird kein Zinseszins gezahlt, so besitzt man nach 6 Jahren $300€ + 6 \cdot 15€ = 390€$. ▲

Verständnisfrage 45
Wie viele Jahre muss man 1000 Euro bei einem (jährlichen) Zinssatz von 7% anlegen, bis sich das Kapital verdoppelt hat (gleichbleibender Zinssatz, keine Zinseszinsen)? ■

6.2.2.2 Monats- und Tageszinsen

Legen wir das Geld nur für beispielsweise sieben Monate an, so erhalten wir auch nur $\frac{7}{12}$ der Zinsen. Daher ergibt sich

$$Z = K \cdot \frac{p \cdot m}{100 \cdot 12},$$

sofern m die Anzahl an Monaten ist, in der das Geld angelegt wird.

Da das Bank-Jahr in Deutschland 360 Tage hat, ergibt sich analog die Tagesformel

$$Z = K \cdot \frac{p \cdot t}{100 \cdot 360},$$

wobei t die Anzahl an Tagen ist, an denen man das Geld anlegt.
Man beachte auch hier, dass man die Formeln wieder entsprechend umstellen kann.

Beispiel:
Für wie viele Tage müssen wir ein Kapital von 1500€ bei einem (jährlichen) Zinssatz von 2.5% anlegen, damit wir 12.50€ Zinsen erhalten? Wir stellen die Formel um und setzen die Werte ein:

$$t = \frac{Z \cdot 100 \cdot 360}{K \cdot p} = \frac{12.5 \cdot 100 \cdot 360}{1500 \cdot 2.5} = 120 \text{ Tage}$$ ▲

Verständnisfrage 46
Ein Kapital von 500 Euro sei nach 6 Monaten auf 550 Euro gewachsen. Welchem (jährlichen) Zinssatz entspricht dies?

■

6.2.2.3 Zinseszins

Üblicherweise wird ein Kapital, das über Jahre hinweg angelegt wird, so verzinst, dass die erhaltenen Zinsen nach jeweils einem Jahr dem Kapital gutgeschrieben werden, sodass im nächsten Jahr das ursprüngliche Kapital plus die erhaltenen Zinsen zusammen verzinst werden (Zinseszins – auch die Zinsen werden verzinst).

Beispiel:
Jemand legt ein Kapital von 15.000€ über zwei Jahre an, wobei jedes Jahr 2 % Zinsen gezahlt werden. Nach einem Jahr wächst das Kapital auf

$$15.000 + 15.000 \cdot \frac{2}{100} = 15.300€.$$

Es wurden also 300€ Zinsen gezahlt. Nun wird dieses neue Kapital verzinst, wieder mit 2 %. Es ergibt sich also nach zwei Jahren ein Kapital von insgesamt

$$15.300 + 15.300 \cdot \frac{2}{100} = 15.606€.$$

Es wurden im zweiten Jahr also 306€ gezahlt, d. h. 6€ mehr nur durch den Zinseszinseffekt. ▲

Sei K_0 das Startkapital und K_i das Kapital nach i Jahren, so können wir das Beispiel wie folgt allgemeiner betrachten:

$$\begin{aligned} K_1 &= K_0 + K_0 \cdot \frac{p}{100} \\ &= K_0\left(1 + \frac{p}{100}\right) \end{aligned}$$

Für das zweite Jahr ergibt sich also:

$$\begin{aligned} K_2 &= K_1 + K_1 \cdot \frac{p}{100} \\ &= K_1\left(1 + \frac{p}{100}\right) \\ &= K_0\left(1 + \frac{p}{100}\right)\left(1 + \frac{p}{100}\right) \\ &= K_0\left(1 + \frac{p}{100}\right)^2 \end{aligned}$$

Das Muster wird deutlich: Jedes Jahr wird der Faktor $\left(1 + \frac{p}{100}\right)$ erneut an das Kapital multipliziert. Das bedeutet exponentielles Wachstum!

Fassen wir zusammen: Bei einem gleichbleibenden Zinssatz p über n Jahre lässt sich das Endkapital K_{Ende} (nach der Verzinsung mit Zinseszins) aus dem Startkapital K_{Start} wie folgt berechnen:

$$K_{\text{Ende}} = K_{\text{Start}}\left(1 + \frac{p}{100}\right)^n$$

Will man diese Formel nach p umstellen, so muss man die n-te Wurzel ziehen. Möchte man die Formel nutzen, um die Jahre n zu berechnen, so wird der Logarithmus Anwendung finden. Diese Themen haben wir bereits behandelt.

Wird nicht konstant mit demselben Zinssatz verzinst, sondern nach dem i-ten Jahr mit dem Zinssatz p_i, so ergibt sich folgende allgemeinere Formel:

$$K_{\text{Ende}} = K_{\text{Start}} \prod_{i=1}^{n} \left(1 + \frac{p_i}{100}\right)$$

Verständnisfrage 47
Berechnen Sie den Unterschied zwischen einer Anlage von 10000 Euro bei konstantem Zinssatz von 7 Prozent über 30 Jahre mit und ohne Zinseszinseffekt. ■

6.3 Präsenzaufgaben

Bearbeiten Sie die folgenden Aufgaben möglichst allein oder bei Schwierigkeiten in Kleingruppen. Bitte benutzen Sie keine Hilfsmittel wie Taschenrechner o. ä., sofern die Aufgabe dies nicht explizit erlaubt. Rechnen Sie stets mit Brüchen, um Ihre Bruchrechenfähigkeiten zu trainieren.

Trigonometrie

Aufgabe 1 (Rechtwinklige Dreiecke)
Bestimmen Sie die fehlenden Werte der Dreiecke $D_1, \ldots, D_6$. Der Taschenrechner darf benutzt werden. Runden Sie Ihre Ergebnisse auf die erste Stelle nach dem Komma.

	D_1	D_2	D_3	D_4	D_5	D_6
a	3			2		$t > 0$
b			6	5,5		
c	5	2	8			
α		34°	90°		60°	90°
β		56°		90°	30°	$\beta < 90°$
γ	90°				90°	

Aufgabe 2 (Grad- und Bogenmaß)
Bestimmen Sie die fehlenden Werte. Der Taschenrechner darf benutzt werden. Geben Sie das Bogenmaß stets als π-Anteil an, also z. B. $\frac{1}{5}\pi$.

Gradmaß	40°	95°		420°		
Bogenmaß			$\frac{2}{5}\pi$		$\frac{2}{3}\pi$	$-\frac{2}{3}\pi$

Aufgabe 3 (Sinus, Kosinus und der Einheitskreis)
Der Taschenrechner ist in dieser Aufgabe *nicht* gestattet.

a) Begründen Sie anschaulich am Einheitskreis, warum die folgenden Gleichungen korrekt sind.

$$\sin(\pi - \alpha) = \sin(\alpha) \quad \text{und} \quad \cos(\pi - \alpha) = -\cos(\alpha)$$

b) Beweisen Sie die eben genannten Gleichungen mittels der Additionstheoreme.

c) Füllen Sie die folgende Tabelle aus, ohne technische Hilfsmittel zu nutzen. Denken Sie lediglich an die Darstellung im Einheitskreis.

x	0		$-\frac{1}{2}\pi$	π		
$\sin(x)$		-1			$\frac{1}{\sqrt{2}}$	$-\frac{1}{\sqrt{2}}$
$\cos(x)$		0			$\frac{1}{\sqrt{2}}$	$-\frac{1}{\sqrt{2}}$

Aufgabe 4 (Trigonometrische Identitäten Teil I)
Vereinfachen Sie die Ausdrücke mit Hilfe der bekannten Gleichungen.

a) $\cos(\alpha) - \cos(\alpha)\sin^2(\alpha)$

b) $\sin^4(\alpha) - \cos^4(\alpha)$

c) $\dfrac{2\tan(\alpha)}{\tan(2\alpha)}$

d) (Zusatz) $\sin^2(0°) + \sin^2(1°) + \sin^2(2°) + \ldots + \sin^2(90°)$ (ohne Taschenrechner!)
Tipps: $\cos(x) = \sin(90° - x)$ und Pythagoras.

e) (Zusatz) Zeigen Sie von links beginnend, dass
$\sin(3\alpha) = \sin(\alpha)\left(3 - 4\sin^2(\alpha)\right)$.

Aufgabe 5 (Trigonometrische Identitäten Teil II)
Zeigen Sie, dass die folgenden Gleichungen korrekt sind.

a) $\dfrac{1 - \cos^2(\alpha)}{\cos^2(\alpha)} = \tan^2(\alpha)$

b) $\dfrac{1}{1 + \tan^2(\alpha)} = \cos^2(\alpha)$

Aufgabe 6 (Sinussatz)
Bestimmen Sie die fehlenden Werte zu den Seitenlängen und Winkelgrößen (in Gradmaß). Beachten Sie, dass die Dreiecke nicht unbedingt rechtwinklig sind. Der Taschenrechner ist erlaubt. Runden Sie auf die zweite Nachkommastelle.

a) $\alpha = 11°$, $\beta = 22°$, $c = 4\,\text{cm}$

b) $\alpha = \gamma = 44°$, $b = 2\,\text{cm}$

c) $\beta = 35.1°$, $a = 4\,\text{cm}$, $b = 10\,\text{cm}$

Zusatzaufgabe 7 (Kräftezerlegung)
Zwischen zwei in gleicher Höhe liegenden Punkten A und B ist ein Drahtseil gespannt. An diesem Seil hängt ein Körper, der durch sein Gewicht eine Kraft von $G = 3250\,\text{N}$ ausübt. Welche Zugkräfte treten in den beiden Seilsträngen (siehe Skizze) auf, wenn $\alpha = 26°$ und $\beta = 43°$ sind? Machen Sie sich anschließend Gedanken, wie Sie Ihren

Rechenweg so verallgemeinern können, dass Sie das Ergebnis sofort nennen könnten, wenn man Ihnen andere (aber weiterhin sinnvolle) Werte für G, α und β geben würde.
Tipp: Sie müssen zunächst ein passendes Dreieck aus der Skizze entwickeln, wobei eine Seitenlänge 3250 beträgt.

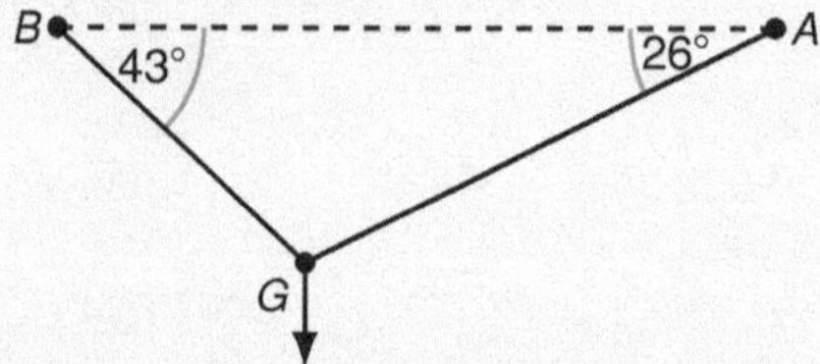

Finanzmathematik

Aufgabe 1 (Prozentrechnung)

Ein Produkt kostet nach einer Preiserhöhung 12% mehr als vorher. Der jetzige Preis beträgt 49.50€.

a) Wie teuer war das Produkt vorher?
b) Um wie viel Prozent war das Produkt vorher billiger?
c) Nehmen wir an, Sie helfen bei der Planung einer Willkommensparty für die neuen Erstis an der Hochschule. Aus den letzten Jahren ist bekannt, dass zwischen 20 und 35 Prozent der Erstis die Party besuchen. Wenn nun 78 Erstis dieses Jahr zur Party kommen, in welchem Bereich werden dann die Einschreibezahlen wohl liegen?
d) Anstatt beispielsweise 36% von 50 auszurechnen, können Sie auch 50% von 36 bestimmen, was in diesem Fall im Kopf wesentlich einfacher ist. Weshalb ist solches Vorgehen allgemeingültig?
e) Eine Stiftung wird zu 96% aus öffentlichen Mitteln finanziert. Der Rest, 3.3 Millionen Euro, stammen aus privater Hand. Wie viel Geld steht der Stiftung insgesamt zur Verfügung?

Aufgabe 2 (Jahres- und Monatszinsen)

Ein Kapital von $K_0 = 23000$€ wird für ein Jahr angelegt. Nach dieser Zeit beträgt das Kapital $K_1 = 23920$€.

a) Wie hoch war der Zinssatz?
b) Wie hoch wären die Zinsen, wenn man die 23000€ nur für 8 Monate angelegt hätte? Um wie viel Prozent wären die Zinsen dann also niedriger gewesen?

Aufgabe 3 (Zinssatz)

Ein Kapital von $K_0 = 27500$€ wird für 10 Jahre angelegt (keine Zinseszinsen). Das Kapital beträgt dann $K_{10} = 44794.60$€.

a) Was war der Zinssatz?
b) Wie viel Prozent mehr ist K_{10} als K_0?

Aufgabe 4 (Zinsen und Kapital)

Ein Kapital ist mit 2.3% Zins verzinst (keine Zinseszinsen). Welche Summe muss man anlegen, um nach 7 Jahren ein Kapital von $K_7 = 40000$€ zu erzielen? Zusatz: Was muss man anlegen, wenn doch Zinseszinsen gezahlt werden?

Aufgabe 5 (Zinseszinsen mit gleichbleibendem Zinssatz)
Ein Kapital von 24000€ wird auf einem Konto mit Zinssatz 2.7% angelegt. Die Zinsen werden dem Kapital zugeschlagen (Zinseszins). Bestimmen Sie:

a) Die Zinsen nach einem Jahr.
b) Das Kapital nach einem Jahr.
c) Das Kapital nach 2, 3 und 4 Jahren. Um wie viel Euro vergrößerte sich das Kapital also jeweils von Jahr zu Jahr? Wie viel Prozent Zinsen erhält man also im vierten Jahr mehr als noch im ersten Jahr?

Aufgabe 6 (Zinseszinsen und Dauer)
Ein Kapital von $K_0 = 8400$€ wird mit festem Zinssatz von 3.5% mit Zinseszins bei einer Bank angelegt. Am Ende beträgt das Kapital $K_n = 10687.15$€.

a) Wie viele Jahre war das Kapital angelegt worden?
b) Wenn man dasselbe Endkapital schon nach 5 Jahren erzielen will, wie hoch müsste der Zinssatz sein?

Zusatzaufgabe 7 (Zinseszinsen mit unterschiedlichen Zinssätzen)
Ein Kapital von $K_0 = 12000$€ wird für 5 Jahre bei einer Bank angelegt. Anfallende Zinsen werden dem Konto gutgeschrieben. Der Zins beträgt im ersten Jahr 1.8%, im zweiten Jahr 2.4%, im dritten Jahr 2.8% und im vierten und fünften Jahr jeweils 3.7%.

a) Berechnen Sie den Kontostand nach den Jahren 1, 2, 3, 4 und 5.
b) Welcher konstante Zinssatz hätte zum gleichen Endkapital geführt (weiterhin mit Zinseszins)?

Zusatzaufgabe 8 (Dreisatz im Download)
Sie möchten eine 2 GB große Datei downloaden und beobachten den Fortschrittsbalken. Das erste Gigabyte wurde mit durchschnittlich 15 GB/h heruntergeladen (was etwa 4.167 MB/s wären, aber wir wollen hier ohne Rundung auskommen). Wie schnell müsste die zweite Hälfte heruntergeladen werden, damit insgesamt mit durchschnittlich 30 GB/h heruntergeladen wurde?

■

6.4 Übersicht

Diese Übersicht dient zum schnellen Nachschlagen (z. B. in den Tutorien). Es empfiehlt sich, Lernhilfen und Übersichten selbst anzufertigen, da dies den Lernprozess unterstützt.

Trigonometrie

Im rechtwinkligen Dreieck gilt:

- Pythagoras: $a^2 + b^2 = c^2$
- $\sin(\alpha) = \frac{a}{c} = \frac{\text{Gegenkathete}}{\text{Hypotenuse}}$,
- $\cos(\alpha) = \frac{b}{c} = \frac{\text{Ankathete}}{\text{Hypotenuse}}$,
- $\tan(\alpha) = \frac{\sin(\alpha)}{\cos(\alpha)} = \frac{a}{b} = \frac{\text{Gegenkathete}}{\text{Ankathete}}$,

- $\text{cotan}(\alpha) = \frac{\cos(\alpha)}{\sin(\alpha)} = \frac{b}{a} = \frac{\text{Ankathete}}{\text{Gegenkathete}}$.

In beliebigen Dreiecken gilt:

- $\frac{a}{\sin(\alpha)} = \frac{b}{\sin(\beta)} = \frac{c}{\sin(\gamma)}$ (Sinussatz)
- $c^2 = a^2 + b^2 - 2ab\cos(\gamma)$ (Kosinussatz)

Umrechnung Winkelmaß (z. B. 45°) und Bogenmaß (z. B. $\frac{\pi}{4}$):

$$\frac{\text{Winkel in Bogenmaß}}{2\pi} \mathrel{\hat{=}} \frac{\text{Winkel in Gradmaß}}{360°}$$

Wichtige Eigenschaften von Sinus und Kosinus:

- $\sin(\alpha), \cos(\alpha) \in [-1, 1]$
- $\sin^2(\alpha) + \cos^2(\alpha) = 1$ (nach Pythagoras, sehr wichtig!)
- $\sin(\alpha) = \sin(\pi - \alpha)$, $\cos(\alpha) = -\cos(\pi - \alpha)$
- $\sin(\alpha + 2\pi k) = \sin(\alpha)$, $\cos(\alpha + 2\pi k) = \cos(\alpha)$, $k \in \mathbb{Z}$ (2π-periodisch)
- $\sin(-\alpha) = -\sin(\alpha)$, $\cos(-\alpha) = \cos(\alpha)$ (Symmetrie)
- $\sin(\alpha) = \cos(\frac{\pi}{2} - \alpha)$, $\cos(\alpha) = \sin(\frac{\pi}{2} - \alpha)$ (sin-cos-Zusammenhang)
- $\sin^2(\alpha) = 1 - \cos^2(\alpha) = \frac{\tan^2(\alpha)}{1+\tan^2(\alpha)}$, sofern $\alpha \neq \frac{\pi}{2} + \pi k$ mit $k \in \mathbb{Z}$
- $\cos^2(\alpha) = 1 - \sin^2(\alpha) = \frac{1}{1+\tan^2(\alpha)}$, sofern $\alpha \neq \frac{\pi}{2} + \pi k$ mit $k \in \mathbb{Z}$

Additionstheoreme:

- $\sin(\alpha \pm \beta) = \sin(\alpha) \cdot \cos(\beta) \pm \cos(\alpha) \cdot \sin(\beta)$
- $\cos(\alpha \pm \beta) = \cos(\alpha) \cdot \cos(\beta) \mp \sin(\alpha) \cdot \sin(\beta)$

Finanzmathematik

Prozentrechnung mit Grundwert G, Prozentwert W und Prozentfuß p:

$$W = G \cdot \frac{p}{100} \Leftrightarrow G = \frac{W \cdot 100}{p} \Leftrightarrow p = \frac{W \cdot 100}{G}$$

Grundwert einen Prozentwert zuschlagen:

$$G + W = G\left(1 + \frac{p}{100}\right)$$

Zinsen mit Kapital K, Zinsen Z, Zinssatz p über n Jahre (keine Zinseszinsen):

$$Z = K \cdot \frac{p}{100} \cdot n \Leftrightarrow K = Z \cdot \frac{100}{p \cdot n} \Leftrightarrow p = \frac{Z}{K \cdot n} \cdot 100$$

Im Fall von Monatszinsen mit m Monaten:

$$Z = \frac{K \cdot p \cdot m}{100 \cdot 12} \Leftrightarrow K = \frac{Z \cdot 100 \cdot 12}{p \cdot m} \Leftrightarrow p = \frac{Z \cdot 100 \cdot 12}{K \cdot m} \Leftrightarrow m = \frac{Z \cdot 100 \cdot 12}{K \cdot p}$$

Bei Tageszinsen ersetze man entsprechend m durch t und verwende 360 Tage statt 12 Monate.

Bei Zinseszinsen mit gleichbleibenden Zinssatz p über n Jahre ergibt sich das Endkapital K_{Ende} aus dem Startkapital K_{Start} wie folgt:

$$K_{\text{Ende}} = K_{\text{Start}} \left(1 + \frac{p}{100}\right)^n$$

$$\Leftrightarrow \quad K_{\text{Start}} = \frac{K_{\text{Ende}}}{\left(1 + \frac{p}{100}\right)^n}$$

$$\Leftrightarrow \quad p = 100 \cdot \left(\sqrt[n]{\frac{K_{\text{Ende}}}{K_{\text{Start}}}} - 1\right)$$

$$\Leftrightarrow \quad n = \frac{\ln\left(\frac{K_{\text{Ende}}}{K_{\text{Start}}}\right)}{\ln\left(1 + \frac{p}{100}\right)}$$

Graphen der trigonometrischen (Umkehr-)Funktionen

Im Sinne der Vollständigkeit werden hier neben Sinus und Kosinus (Bild 6.11), Tangens und Kotangens (Bild 6.12) auch die Graphen der Umkehrfunktionen gezeigt (Bild 6.13 und Bild 6.14). Man beachte, dass Definitions- und Wertebereiche sich zwischen Funktion und Umkehrfunktionen tauschen. Daher ist beispielsweise der Arcussinus nur auf dem Wertebereich des Sinus, also $[-1, 1]$, definiert.

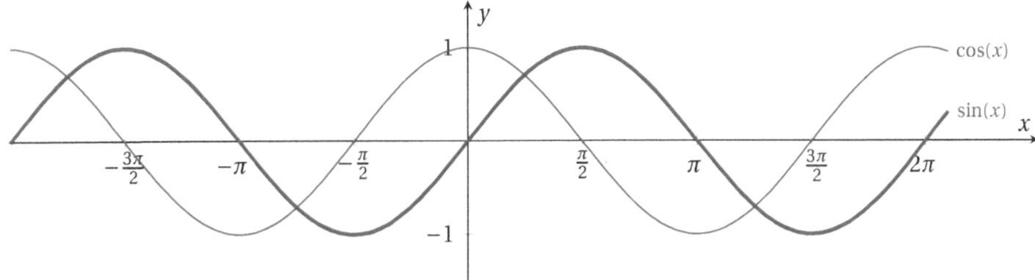

Bild 6.11 Graphen der trigonometrischen Funktionen Sinus und Kosinus

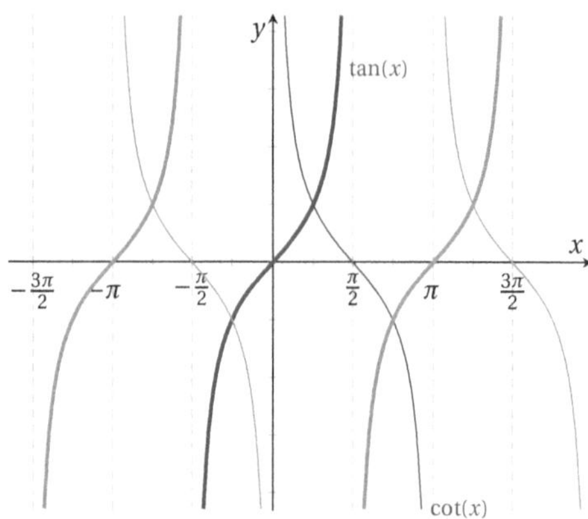

Bild 6.12 Graphen der Tangens- und Kotangens-Funktionen

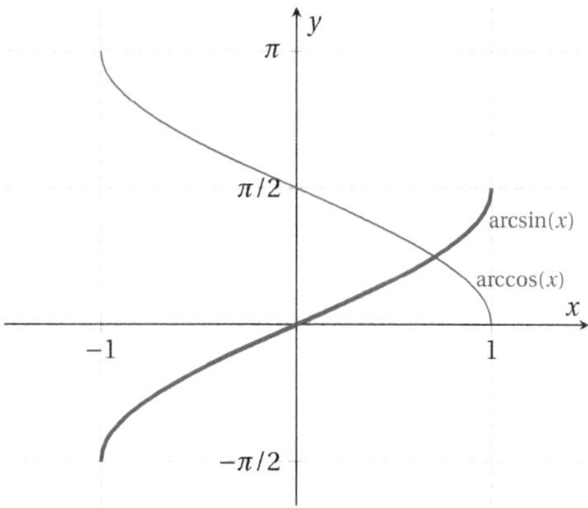

Bild 6.13 Graphen der Arkussinus- und Arkuskosinus-Funktionen

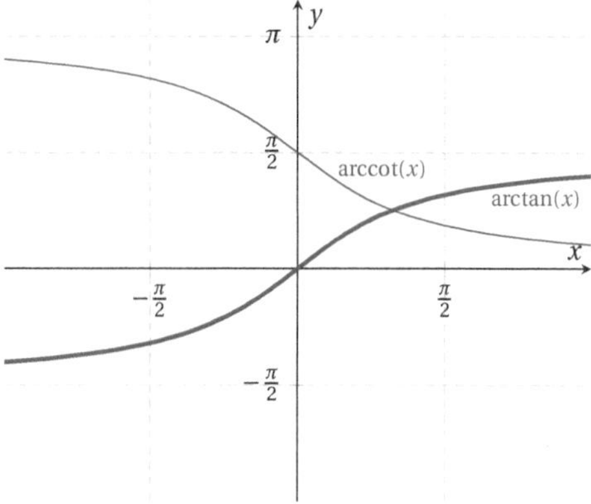

Bild 6.14 Graphen der Arkustangens- und Arkuskotangens-Funktionen

6.5 Lösungen zu den Verständnisfragen

(40) Vom Dreieck zum Sinus

Über Pythagoras erhält man $c = \sqrt{34}$. Es ist nun

$$\cos(\alpha) = \frac{3}{\sqrt{34}}$$

und damit folgt

$$\alpha = \arccos\left(\frac{3}{\sqrt{34}}\right) \approx 59.04^\circ.$$

Der fehlende Winkel ergibt sich durch die Innenwinkelsumme:

$$\beta = 180^\circ - \alpha - \gamma \approx 180^\circ - 59.04^\circ - 90^\circ = 30.96^\circ$$

(41) Grad- und Bogenmaß

Das Gradmaß zu $\frac{\pi}{12}$ errechnet sich durch:

$$\frac{\pi}{12} \mathrel{\widehat{=}} \frac{180^\circ}{12} = 15^\circ$$

Das Bogenmaß zu 120° ergibt sich durch:

$$120^\circ = \frac{120^\circ}{180^\circ} \cdot 180^\circ \mathrel{\widehat{=}} \frac{120^\circ}{180^\circ} \cdot \pi = \frac{2}{3}\pi$$

(42) Sinussatz und Kosinussatz

Gegeben sei ein Dreieck mit $a = 5\,\text{cm}$, $b = 3\,\text{cm}$ und $\beta = 30^\circ$. Für den Kosinussatz fehlt uns der Winkel γ. Wir nutzen also den Sinussatz:

$$\frac{5}{\sin(\alpha)} = \frac{3}{\sin(30^\circ)} \Leftrightarrow \sin(\alpha) = \frac{5}{3}\sin(30^\circ) = \frac{5}{6}$$

Der Arkussinus gibt uns $\alpha \approx 56.44^\circ$. Nach Innenwinkelsumme ist also:

$$\gamma \approx 180^\circ - 30^\circ - 56.44^\circ = 93.56^\circ$$

Die fehlende Seitenlänge c könnte man über den Sinussatz oder den Kosinussatz berechnen. Wir verwenden hier den Kosinussatz:

$$c^2 \approx 5^2 + 3^2 - 2 \cdot 5 \cdot 3 \cdot \cos(93.56) = 35.86$$

Somit ist $c \approx \sqrt{35.86} \approx 5.99\,\text{cm}$.

(43) Eigenschaften der trigonometrischen Funktionen

(a) Mit $1 = \sin^2(x) + \cos^2(x)$ folgt:

$$\cos^2(x) = 1 - \sin^2(x) = 1 - \frac{\tan^2(x)}{1 + \tan^2(x)} = \frac{1 + \tan^2(x) - \tan^2(x)}{1 + \tan^2(x)} = \frac{1}{1 + \tan^2(x)}$$

(b) Nach Additionstheorem des Kosinus gilt:

$$\begin{aligned}\cos\left(\frac{\pi}{2} + \arcsin\left(\frac{1}{5}\right)\right) &= \cos\left(\frac{\pi}{2}\right)\cos\left(\arcsin\left(\frac{1}{5}\right)\right) - \sin\left(\frac{\pi}{2}\right)\sin\left(\arcsin\left(\frac{1}{5}\right)\right)\\ &= 0 \cdot \cos\left(\arcsin\left(\frac{1}{5}\right)\right) - 1 \cdot \frac{1}{5} = -\frac{1}{5}\end{aligned}$$

(44) Grundlagen der Prozentrechnung

(a) Eine Stundenlohnsteigerung von 12 auf 14 Euro entspricht:

$$\frac{14}{12} \approx 1.167 \quad \text{also rund } 16.7\,\%$$

(b) Ein Rabatt von 12 Prozent auf 226€ bedeutet, dass nun zu zahlen sind:

$$226-\left(226\cdot\frac{12}{100}\right)=226\cdot(1-0.12)=226\cdot 0.88=198.88\,[€]$$

(45) Jahreszinsen

Wir stellen die Formel zunächst nach n um:

$$Z=K\cdot\frac{p}{100}\cdot n \Leftrightarrow n=\frac{Z\cdot 100}{K\cdot p}$$

Um $K = 1000$ Euro über Zinsen zu verdoppeln, müssen wir $Z = 1000$ Euro Zinsen erhalten. Mit $p = 7$ ergibt sich also:

$$n=\frac{1000\cdot 100}{1000\cdot 7}=\frac{100}{7}\approx 14.29,\text{ also 15 Jahre}$$

(46) Monats- und Tageszinsen

Es wurden $Z = 550 - 500 = 50$ Euro Zinsen über $m = 6$ Monate gezahlt ($K = 500$). Wir stellen die Formel nach p um und setzen die Werte ein:

$$Z=K\cdot\frac{p\cdot m}{100\cdot 12} \Leftrightarrow p=\frac{Z\cdot 100\cdot 12}{K\cdot m}=\frac{50\cdot 1200}{500\cdot 6}=20$$

In diesem einfachen Beispiel könnte man auch ohne die Formel sofort erkennen, dass nach einem Jahr 100 Euro Zinsen gezahlt werden würden. Und 100 Euro von 500 Euro sind genau 20 Prozent.

(47) Zinseszins

Ohne Zinseszinseffekt beträgt das Endkapital:

$$10000+10000\cdot 0.07\cdot 30=31000€$$

Mit Zinseszinseffekt beträgt das Endkapital:

$$10000\cdot(1+0.07)^{30}\approx 76122.55€$$

Der Unterschied ist etwa 45122.55€!

7 Differentialrechnung

Die Differentialrechnung, welche Sie vermutlich als das Berechnen der Ableitungen aus der Schule kennen, nimmt in den Ingenieurwissenschaften eine zentrale Rolle ein. So ist beispielsweise die momentane Stromstärke die zeitliche Ableitung der Ladung und in der Dynamik wird die Beschleunigung als Ableitung der Geschwindigkeit gelesen. Auch in den Wirtschaftswissenschaften wird die Ableitung benötigt, so beispielsweise bei der Bestimmung des Haushaltsoptimums mit der sogenannten Lagrangefunktion (suche Maximum einer Hauptfunktion unter Nebenbedingungen zur Gewinnmaximierung).
Der Nutzen der Differentialrechnung geht weit über simples Ableiten bzw. Kurvendiskussionen hinaus. Die Bedeutung für die Anwendung werden Sie vermutlich (je nach Studiengang) ab etwa dem zweiten Semester kennenlernen, wenn Sie in die Welt der Differentialgleichungen eintauchen oder in der Statistik / Data Science die Kleinste-Quadrate-Methode kennenlernen. Auch kann man mittels der Ableitung Probleme näherungsweise lösen, die sich nicht exakt lösen lassen (z. B. beim Nullstellenverfahren nach Newton).
Für einen kompakten Überblick konzentrieren wir uns in diesem Kapitel auf die Grundlagen, also auf den Steigungsbegriff bei reellen Funktionen. Wir führen uns zunächst die Idee der Differentialrechnung vor Augen und entwickeln anschließend hilfreiche Rechenregeln.

7.1 Von der Sekante zur Tangente

Die Steigung einer Geraden kennen wir bereits. Sie ist der Quotient aus dem Höhenunterschied zur zurückgelegten Strecke in der Horizontalen. Wenn z. B. die Steigung auf einer konstant steigenden Straße $m = \frac{2}{3}$ beträgt, so muss innerhalb von drei Metern ein Höhenunterschied von zwei Metern überwunden werden. Grundsätzlich ist die Steigung bei einer Geraden $f: \mathbb{R} \to \mathbb{R}$ mit $x_1, x_2 \in \mathbb{R}$ definiert durch den **Differenzenquotienten**:[1]

$$m = \frac{f(x_1) - f(x_2)}{x_1 - x_2}$$

1 Statt der Differenzen nutzt man auch kurz den Großbuchstaben Delta (Δ): $m = \frac{\Delta y}{\Delta x}$.

Die Steigung einer Geraden ist überall gleich, also ist m eine feste konstante Zahl, unabhängig davon, welche Werte wir für x_1 und x_2 einsetzen. Was aber passiert, wenn wir diese Idee auf andere Funktionen übertragen?

Nehmen wir als Beispiel die bekannte Funktion $f : \mathbb{R} \to \mathbb{R}$ mit $f(x) = x^2$. Offensichtlich liegt keine konstante Steigung vor, denn der Graph (Parabel) wird immer steiler, umso weiter wir uns vom Ursprung entfernen. Wir wollen die oben genannte Idee anwenden, um die Steigung an einem Punkt, hier z. B. $P = (2, 4)$, des Graphen zu bestimmen und verallgemeinern dies später auf beliebige Punkte. Legen wir eine Gerade beispielsweise durch die Punkte $(1, 1)$ und eben $P = (2, 4)$, so lautet die Steigung:

$$m = \frac{4-1}{2-1} = 3$$

Da die Gerade durch zwei Punkte des Graphen verläuft, nennen wir sie **Sekante**. Wie wir an dem Bild 7.1 erkennen können, ist diese Approximation (d. h. Annäherung, Schätzung) der Steigung an P nicht sehr genau. Rücken wir mit dem linken Punkt etwas näher an P heran, z. B. mit $\left(\frac{3}{2}, \frac{9}{4}\right)$, so beträgt die Steigung der neuen Tangente

$$m = \frac{4-\frac{9}{4}}{2-\frac{3}{2}} = 3.5$$

Dies scheint schon näher an dem gesuchten Wert zu sein (siehe Bild 7.1). Gehen wir noch etwas näher und nehmen nun $(1.9, 3.61)$, so hat die neue Sekante die Steigung

$$m = \frac{4-3.61}{2-1.9} = 3.9$$

Anscheinend nähert sich die Steigung immer mehr dem Wert 4 an.

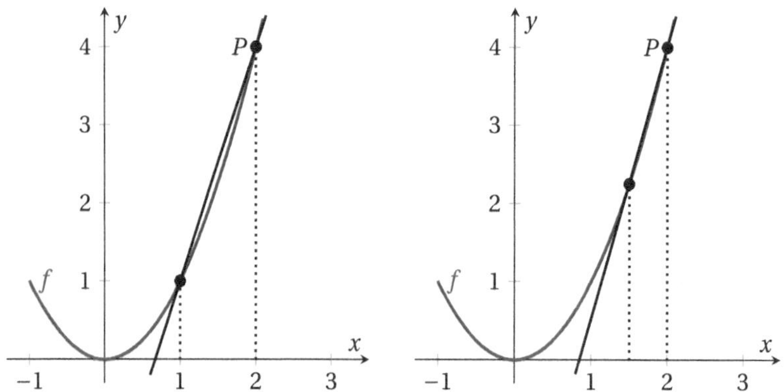

Bild 7.1 Die Sekante approximiert die Steigung bei P immer präziser

Werden schließlich im Grenzübergang die beiden Punkte so nahe zueinander gebracht, dass sie zu einem verschmelzen, so sind die Steigung der Sekante und die Steigung von $f(x) = x^2$ bei $P = (2, 4)$ identisch und wir reden jetzt von einer **Tangente**.

GeoGebra: Sekante
Sie können die Funktionsvorschrift und den Punkt, an dem die Steigung approximiert werden soll, selbst eingeben und anschließend die Sekante zur Tangente überführen. ■

Verständnisfrage 48
Zeigen Sie durch Einsetzen in den Differenzenquotienten, dass eine konstante Funktion $f: \mathbb{R} \to \mathbb{R}$ mit $f(x) = c$ $(c \in \mathbb{R})$ die Steigung 0 hat. Wieso ergibt das auch anschaulich Sinn? ■

7.2 Der Differentialquotient

Die soeben vorgestellte Idee werden wir nun mathematisch verallgemeinern. Gegeben sei eine Funktion $f : D_f \subseteq \mathbb{R} \to \mathbb{R}$ und ein Punkt $P = \big(a, f(a)\big)$ mit $a \in D_f$, zu dem wir die Steigung bestimmen wollen. Wir betrachten wieder den Differenzenquotienten und lassen nun x gegen a laufen. Der Differenzenquotient in Kombination mit der Grenzwertbetrachtung nennt man dann zusammen den **Differentialquotienten**. Wenn dieser Grenzwert existiert, so ist f **bei a differenzierbar** und wir nennen das Ergebnis die (erste) **Ableitung** von f an der Stelle a:[2]

$$f'(a) := \lim_{x \to a} \frac{f(x) - f(a)}{x - a}$$

Existiert der Grenzwert für alle $a \in D_f$, so heißt f differenzierbar und das Ergebnis ist die erste Ableitung von f an der Stelle a. Üblicherweise schreibt man dann einfach $f'(a)$. Auf eine saubere Einführung vom Grenzwert (Limes) müssen wir hier verzichten und uns soll die intuitive Vorstellung genügen, dass x immer näher an a heranrückt. Die präzise Definition wird ggf. im Studium thematisiert.

Beispiel:
Wir betrachten wieder die Parabelfunktion $f: \mathbb{R} \to \mathbb{R}$ mit $f(x) = x^2$. Es sei $a \in D_f = \mathbb{R}$ beliebig, so gilt:

$$\begin{aligned} \lim_{x \to a} \frac{f(x) - f(a)}{x - a} &= \lim_{x \to a} \frac{x^2 - a^2}{x - a} \\ &= \lim_{x \to a} \frac{(x - a)(x + a)}{x - a} \\ &= \lim_{x \to a} (x + a) \\ &= 2a \end{aligned}$$

Wir haben zunächst lediglich die Funktionsvorschrift eingesetzt. Da wir beim direkten Einsetzen von a für x eine Null im Nenner erzeugen würden, haben wir die dritte binomische Formel verwendet und konnten dann $x - a$ aus dem Bruch kürzen. Schließlich war

---

2 Auf die äquivalente Definition mit $h = x - a$ gehen wir hier nicht weiter ein.

es problemlos möglich, für x den Parameter a einzusetzen. Da wir $a \in \mathbb{R}$ beliebig gelassen haben, können wir nun sagen, dass die erste Ableitung $f'(x) = 2x$ lautet. Würden wir nun beispielsweise die Steigung bei $x = 2$ wissen wollen, so würden wir dies einfach einsetzen und sehen, dass $m = f'(2) = 4$ ist. ▲

Würde man die Ableitung der Ableitung bilden, so spricht von man der zweiten (dritten, vierten, fünften ...) Ableitung und schreibt $f''(x)$ (bzw. $f'''(x)$, $f^{(4)}(x)$, $f^{(5)}(x)$, ...).

Eine andere, aber auch sehr übliche Schreibweise (nach Leibniz) für die Ableitung einer Funktion f nach der Variable x ist $\frac{\mathrm{d}f(x)}{\mathrm{d}x}$. Da die Ableitung nach der Zeit in der Physik und den Ingenieurwissenschaften häufiger vorkommt, hat sich dort auch eine spezielle Schreibweise (nach Newton) eingebürgert. Man schreibt so viele Punkte über den Funktionsnamen, wie der Grad der Ableitung (nach der Zeit) ist, z. B. $v'(t) = \dot{v}$. Wir verwenden hier allerdings nur die Schreibweise nach Lagrange, also der Art $f'(x)$.

Verständnisfrage 49
Da die Grenzwertberechnung erst ggf. im Studium thematisiert wird, behandeln wir auch hierzu keine Aufgaben. Bitte machen Sie sich aber zu folgender Situation Gedanken: Eine Funktion beschreibe die gefahrene Strecke pro Zeit (z. B. $f(3) = 120$ bedeutet, dass nach drei Stunden 120 Kilometer gefahren wurden). Was beschreibt dann die Ableitung (z. B. $f'(3)$)? ■

7.3 Wichtige Ableitungen und Rechenregeln

Der Weg über den Differentialquotienten ist sehr aufwändig, doch man konnte einige Regeln herleiten, die die Berechnung der Ableitung erleichtern. Wir widmen uns nun diesen Regeln und einigen der häufigsten Ableitungen.

7.3.1 Linearität der Ableitung

Die Ableitung einer Summe von differenzierbaren Funktionen g, h ist die Ableitung der einzelnen Summanden. Weiterhin bleiben konstante Faktoren einfach erhalten. Man sagt, dass die Ableitung **linear** ist und dies wird wie folgt notiert:

$$(ag + bh)'(x) = ag'(x) + bh'(x) \quad \text{mit } a, b \in \mathbb{R}$$

Beispiel:
Die Funktion $f : \mathbb{R} \to \mathbb{R}$ mit $f(x) = 3x^2 - 5x$ ist eine Summe aus zwei differenzierbaren Funktionen (mit Abbildungsvorschriften $3x^2$ bzw. $-5x$). Wir kennen bereits die Ableitung zu $g(x) = x^2$, nämlich $g'(x) = 2x$. Die Ableitung der Identitätsgerade $h(x) = x$ ist einfach

$h'(x) = 1$. Wenn wir die Faktoren 3 und -5 entsprechend mitnehmen, so lautet die erste Ableitung von f:

$$f'(x) = 3 \cdot 2x + (-5) \cdot 1 = 6x - 5$$ ▲

Verständnisfrage 50
Wie lautet die erste Ableitung von $f: \mathbb{R} \to \mathbb{R}$ mit $f(x) = -x^2 + 7x - 3$? ■

7.3.2 Wichtige Ableitungen

Wir listen nun einige reelle Funktionen und ihre erste Ableitung auf. Auf Nachweise verzichten wir hier, diese werden ggf. im Studium thematisiert. Es ist sinnvoll, diese wenigen Ableitungen auswendig zu kennen, sodass man sie nicht ständig nachschlagen muss und somit Rechnungen in den Vorlesungen gut mitverfolgen kann.
Es seien $n \in \mathbb{R}$ und $c > 0$. Auf den jeweiligen Definitionsbereichen sind die Funktionen aus Tabelle 7.1 differenzierbar[3] und haben die dort jeweils angegebene erste Ableitung.

$f(x)$	$f'(x)$
$c \in \mathbb{R}$	0
x^n	nx^{n-1}
$\sqrt{x}$	$\frac{1}{2\sqrt{x}}$
e^x	e^x
$\ln(x)$	$\frac{1}{x}$
$\sin(x)$	$\cos(x)$
$\cos(x)$	$-\sin(x)$

Tabelle 7.1 Einige wichtige Funktionen und ihre erste Ableitungen

Man beachte, dass sich sehr viele Ableitungen durch die hier genannten herleiten lassen. So ist bekanntlich $\sqrt[a]{x^b} = x^{\frac{b}{a}}$ und $\frac{1}{x^n} = x^{-n}$, womit wir auf einfachem Wege die Ableitung verschiedener Wurzelfunktionen[4] bestimmen können. Da die Quadratwurzelfunktion $\sqrt{x} = x^{\frac{1}{2}}$ allerdings sehr häufig vorkommt, geben wir sie in Tabelle 7.1 extra an und empfehlen, sie sich zu merken (obgleich sie sofort aus der Regel $(x^n)' = nx^{n-1}$ folgt). Es gibt noch einige weitere Funktionen, die gerade in den Ingenieurwissenschaften Anwendung

[3] Ausnahme: $f(x) = \sqrt{x}$ ist nur auf $]0, \infty[$ (d. h. nicht bei 0) differenzierbar.

[4] Wie z. B. $f(x) = \frac{1}{\sqrt[3]{x^2}} = x^{-\frac{2}{3}}$.

finden (z. B. Arkussinus), doch diese werden dann in den Mathematik-Veranstaltungen im Studium behandelt werden.

Beispiel:
Es ist $f: \mathbb{R}_{>0} \to \mathbb{R}$ mit nachfolgender Vorschrift und erster Ableitung:

$$f(x) = 4\sin(x) - \ln(x) + 2x^5 - 3e^x + 9$$
$$f'(x) = 4\cos(x) - \frac{1}{x} + 10x^4 - 3e^x$$

Bitte prüfen Sie, welche Regeln aus Tabelle 7.1 hier genutzt wurden (neben der Linearität). ▲

Verständnisfrage 51
Bestimmen Sie die erste Ableitung von $f: \mathbb{R}_{>0} \to \mathbb{R}$ mit $f(x) = -3x^5 + 2\sqrt{x} + 4\ln(x)$. ■

Oft bestehen die Funktionen aus mehr als nur Summanden, sodass noch weitere Rechenregeln wichtig werden, die wir nun behandeln. Mit diesem Wissen kann man dann so ziemlich jede differenzierbare Funktion ableiten, die einem begegnet. Die Ableitungen für den Tangens und den Kotangens lassen sich dann über die Quotientenregel herleiten.

7.3.3 Die Produktregel

Liegt ein Produkt von differenzierbaren Funktionen vor, also $f(x) = g(x)h(x)$, so wendet man die **Produktregel** an:

$$f'(x) = g'(x)h(x) + g(x)h'(x)$$

Beispiel:
Es sei $f: \mathbb{R} \to \mathbb{R}$ mit $f(x) = 5x^2\sin(x)$, so ist mit Blick auf die Produktregel $g(x) = 5x^2$ (mit $g'(x) = 10x$) und $h(x) = \sin(x)$ (mit $h'(x) = \cos(x)$). Wir wenden also die Produktregel an und erhalten:

$$f'(x) = g'(x)h(x) + g(x)h'(x) = 10x\sin(x) + 5x^2\cos(x)$$ ▲

Die Herleitung der Regel enthält einen sehr typischen Trick aus der Mathematik, weshalb wir sie uns anschauen wollen.

Beweis. Es sei $f(x) = g(x)h(x)$ wie oben beschrieben gegeben und $a \in D_g \cap D_h$ (also in beiden Definitionsbereichen enthalten), so gilt:

$$\begin{aligned}
\lim_{x\to a} \frac{g(x)h(x) - g(a)h(a)}{x-a} &= \lim_{x\to a} \frac{g(x)h(x) - g(a)h(x) + g(a)h(x) - g(a)h(a)}{x-a} \\
&= \lim_{x\to a} \left(\frac{g(x)h(x) - g(a)h(x)}{x-a} + \frac{g(a)h(x) - g(a)h(a)}{x-a} \right) \\
&= \lim_{x\to a} \left(\frac{\left(g(x) - g(a)\right)h(x)}{x-a} + \frac{g(a)\,(h(x) - h(a))}{x-a} \right) \\
&= \lim_{x\to a} \left(\frac{g(x) - g(a)}{x-a} h(x) + g(a) \frac{h(x) - h(a)}{x-a} \right) \\
&= g'(a)h(a) + g(a)h'(a)
\end{aligned}$$

In der ersten Zeile fügen wir eine „geschickte Null" ein, denn es gilt $-g(a)h(x) + g(a)h(x) = 0$. Dadurch bleibt die Termumformung korrekt, aber wir können nun in den nächsten Zeilen $h(x)$ bzw. $g(a)$ ausklammern, sodass in der vorletzten Zeile die Differenzenquotienten von g bzw. h stehen. Diese konvergieren (für $x \to a$) gegen die Ableitung der jeweiligen (differenzierbaren) Funktionen, also gegen $g'(a)$ bzw. $h'(a)$. Da a allgemein war, ist die Regel bewiesen. *q.e.d*

Verständnisfrage 52
Bestimmen Sie die erste Ableitung von $f: \mathbb{R} \to \mathbb{R}$ mit $f(x) = x^2 e^x$. ■

7.3.4 Die Quotientenregel

Bei einem Bruch differenzierbarer Funktionen der Art $f(x) = \frac{g(x)}{h(x)}$, wobei $h(x) \neq 0$ für alle $x \in D_h$ ist, wendet man die **Quotientenregel** an:

$$f'(x) = \frac{g'(x)h(x) - g(x)h'(x)}{(h(x))^2}$$

Man beachte das Minuszeichen im Zähler (bei der Produktregel steht hier ein Plus) und das Quadrat im Nenner. Man kann die Regel auf ähnliche Weise wie die Produktregel beweisen, allerdings ist eine Herleitung über die Kettenregel deutlich schneller, weshalb wir diese erst später zeigen wollen.

Beispiel:
Es sei $f: \mathbb{R} \setminus \{k\pi \mid k \in \mathbb{Z}\} \to \mathbb{R}$ mit $f(x) = \frac{3x^2}{\sin(x)}$. Hier sind also $g(x) = 3x^2$ (mit $g'(x) = 6x$) und $h(x) = \sin(x)$ (mit $h'(x) = \cos(x)$). Damit ergibt sich die Ableitung nach Quotientenregel:

$$f'(x) = \frac{g'(x)h(x) - g(x)h'(x)}{(h(x))^2} = \frac{6x\sin(x) - 3x^2\cos(x)}{(\sin(x))^2}$$ ▲

Verständnisfrage 53
Bestimmen Sie die erste Ableitung von $f: \mathbb{R} \setminus \{0\} \to \mathbb{R}$ mit $f(x) = \frac{\sin(x)}{x^2}$. ■

7.3.5 Exkurs: Verkettung von Funktionen

Um die nachfolgende Kettenregel anwenden zu können, muss man zunächst verstehen, wie die Verkettung von Funktionen funktioniert. Es seien im Folgenden zwei Funktionen g und h gegeben und wir wollen die Verkettung

$$f = g \circ h \quad \text{bzw.} \quad f(x) = g(h(x))$$

bestimmen. Die grundsätzliche Idee dahinter ist, dass zwei Zuordnungen (oder „Prozesse") stattfinden. Zunächst führt h seine Aufgabe durch. Dann nimmt g die Resultate von h entgegen und führt daran seine Aufgabe durch.
Man beachte, dass der Wertebereich der „inneren" Funktion eine Teilmenge des Definitionsbereichs der „äußeren" Funktion sein muss, sonst ist eine Verkettung nicht möglich.

Beispiel:
Es sei die reelle Funktionen g und h mit $g(x) = e^x$ und $h(x) = \sin(x)$ gegeben, so lautet die Abbildungsvorschrift der Verkettung:

$$g(h(x)) = e^{\sin(x)}$$

Die Verkettung ist umsetzbar, da der Wertebereich des Sinus ($[-1,1]$) eine Teilmenge des Definitionsbereichs der Exponentialfunktion ($\mathbb{R}$) ist.
Man beachte, dass die Verkettung im Allgemeinen nicht kommutativ ist, d. h. die Reihenfolge der Verkettung spielt eine Rolle. So wäre hier

$$h\left(g(x)\right) = \sin\left(e^x\right),$$

was offensichtlich eine völlig andere Funktion als oben ergibt. ▲

Verständnisfrage 54
Prüfen Sie ob die beiden Verkettungen der reellen Funktion g, h mit $g(x) = x^2 + 1$ und $h(x) = \ln(x)$ möglich sind und bestimmen Sie jeweils die Abbildungsvorschriften der Verkettungen. ■

7.3.6 Die Kettenregel

Liegt eine Verkettung von differenzierbaren Funktionen vor, also der Gestalt $f(x) = g(h(x))$, so wird die Kettenregel angewendet:

$$f'(x) = g'(h(x)) \cdot h'(x)$$

Man leitet also erst die äußere Funktion ab, setzt dann die innere unverändert wieder ein und multipliziert anschließend noch die Ableitung der inneren Funktion an den Ausdruck.

Beispiel:
Es sei die reelle Funktion f mit $f(x) = \sin\left(3x^2 - 2x + 1\right)$ gegeben. Hier liegt eine Verkettung

vor mit der äußeren Funktion $g(x) = \sin(x)$. Die innere Funktion ist $h(x) = 3x^2 - 2x + 1$. Die Ableitung des Sinus ist bekanntlich der Kosinus (also $g'(x) = \cos(x)$) und die Ableitung der inneren Funktion ist $h'(x) = 6x - 2$. Damit ergibt sich nach Kettenregel:

$$f'(x) = g'(h(x)) \cdot h'(x) = \cos\left(3x^2 - 2x + 1\right) \cdot (6x - 2)$$ ▲

Beispiel:
Es sei die reelle Funktion f mit $f(x) = e^{\sqrt{x}}$ gegeben. Die Ableitung der äußeren Funktion $g(x) = e^x$ ist wieder die Exponentialfunktion ($g'(x) = e^x$) und die Ableitung der inneren Funktion $h(x) = \sqrt{x}$ ist $h'(x) = \frac{1}{2\sqrt{x}}$. Damit ergibt sich nach Kettenregel:

$$f'(x) = g'(h(x)) \cdot h'(x) = e^{\sqrt{x}} \frac{1}{2\sqrt{x}}$$ ▲

Auf die Herleitung der Kettenregel wollen wir hier verzichten, allerdings können wir sie wie angekündigt verwenden, um die Quotientenregel schnell herzuleiten. Sei also wieder $f(x) = \frac{g(x)}{h(x)}$, so können wir auch schreiben $f(x) = g(x)(h(x))^{-1}$ und darauf die Produktregel anwenden. Die Ableitung von x^{-1} ist $-x^{-2}$, womit sich die Ableitung von $(h(x))^{-1}$ aus der Kettenregel ergibt $(-h(x)^{-2} \cdot h'(x))$. Daher folgt mit Produkt- und Kettenregel insgesamt:

$$\begin{aligned} f'(x) &= g'(x)(h(x))^{-1} + g(x)\left(-h(x)^{-2}\right)h'(x) \\ &= \frac{g'(x)}{h(x)} - \frac{g(x)h'(x)}{(h(x))^2} \\ &= \frac{g'(x)h(x) - g(x)h'(x)}{(h(x))^2} \end{aligned}$$

Verständnisfrage 55
Bestimmen Sie die erste Ableitung von $f: \mathbb{R} \to \mathbb{R}$ mit $f(x) = \cos\left(x^7\right)$. ■

7.3.7 Der Logarithmus-Trick

Für die meisten Funktionen kennen wir nun Rechenregeln, um die Ableitung bestimmen zu können. Eine Sonderstellung nehmen reelle Funktionen der Art $f(x) = a^x$ ein, von denen wir bisher nur den Sonderfall $a = e$ kennen. Der Trick, um auch solche Funktionen abzuleiten, besteht nun darin, folgende Gleichheit zu nutzen:

$$e^{\ln(x)} = x$$

Die gleichzeitige Anwendung vom Logarithmus und der Exponentialfunktion ändert also nichts. Weiterhin kennen wir die wichtige Logarithmus-Regel

$$\ln\left(a^x\right) = x \ln(a)$$

Zusammen ergibt sich also:

$$f(x) = a^x = e^{\ln(a^x)} = e^{x \ln(a)}$$

Diese Funktion können wir mit der Kettenregel problemlos ableiten zu

$$f'(x) = e^{x\ln(a)} \cdot \ln(a) = a^x \cdot \ln(a)$$

Anstatt sich die Formel zu merken, sollte man sich den Logarithmus-Trick merken.

Beispiel:
Die Vorschrift der reellen Funktion f mit $f(x) = 2^x$ lässt sich auch schreiben als:

$$f(x) = 2^x = e^{\ln(2^x)} = e^{x\ln(2)}$$

Damit lautet die Ableitung nach Kettenregel:

$$f'(x) = e^{x\ln(2)} \ln(2) = 2^x \ln(2)$$ ▲

Verständnisfrage 56
Bestimmen Sie die erste Ableitung von $f : \mathbb{R} \to \mathbb{R}$ mit $f(x) = 3^x$ wie zuvor im Beispiel gezeigt.

7.4 Kurvendiskussion

Sicherlich haben Sie bereits einige Kurvendiskussionen in der Schule durchgeführt. Es soll uns genügen, dass wir das Thema nur kurz umreißen. Die folgenden Eigenschaften werden üblicherweise bei der Kurvendiskussion untersucht:

- Definitionsbereich bestimmen
- Nullstellenbestimmung: Löse die Gleichung $f(x) = 0$ nach x auf.
- Symmetrie untersuchen[5]:
  - Gilt für alle $x \in D_f$, dass $f(x) = f(-x)$ ist, so heißt f gerade (z. B. $f(x) = x^2$ oder $f(x) = \cos(x)$).
  - Gilt für alle $x \in D_f$, dass $f(x) = -f(-x)$ ist, so heißt f ungerade (z. B. $f(x) = x^3$ oder $f(x) = \sin(x)$).
- Monotonie untersuchen[6]:
  - f heißt monoton steigend (wachsend) auf Intervall $I \subseteq D_f$, wenn für alle $x_1, x_2 \in I$ mit $x_1 < x_2$ gilt: $f(x_1) \leq f(x_2)$.
    Alternativ: Prüfe ob $f'(x) \geq 0 \ \forall x \in I$.
  - f heißt monoton fallend auf Intervall $I \subseteq D_f$, wenn für alle $x_1, x_2 \in I$ mit $x_1 < x_2$ gilt: $f(x_1) \geq f(x_2)$.
    Alternativ: Prüfe ob $f'(x) \leq 0 \ \forall x \in I$.
  - Kann man $\leq$ bzw. $\geq$ durch $<$ bzw. $>$austauschen, so spricht man von strenger Monotonie.

[5] Beachte: Es gibt viele Funktionen, die weder gerade noch ungerade sind.
[6] Beachte: Viele Funktionen sind nur stückweise (d. h. nur auf Intervallen) monoton.

- Extremwerte:
  - Kritische Stellen bestimmen: Löse die Gleichung $f'(x) = 0$ nach x auf.
  - Entscheidung: Sei a eine kritische Stelle und ist $f''(a) > 0$, so ist $\left(a, f(a)\right)$ ein lokaler Tiefpunkt. Bei $f''(a) < 0$ handelt es sich um einen lokalen Hochpunkt.
  - Liegen die kritischen Stellen nicht sehr nahe beieinander, so kann man (bei stetigen Funktionen) auch Funktionswerte rechts und links davon berechnen und entsprechend die Entscheidung treffen.
- Wendepunkte: Für einen Wendepunkt ist hinreichend, dass $f''(x) = 0$ und $f'''(x) \neq 0$.
- Sonderfall Sattelpunkt: $f'(a) = f''(a) = 0$ und $f'''(a) \neq 0$.
- Grenzwerte: Man untersucht die Randpunkte, also $x \to \pm\infty$ und ggf. die Definitionslücken. Dies ermöglicht auch die Entscheidung, welche Extrempunkte lokal oder global sind und wie genau der Wertebereich der Funktion aussieht.

Beispiel:
Wir untersuchen die reelle Funktion f mit $f(x) = x^3 - 4x$.

- Da wir jedes $x \in \mathbb{R}$ einsetzen dürfen, ist der Definitionsbereich $D_f = \mathbb{R}$.
- $f(x) = 0 \Leftrightarrow x^3 - 4x = 0 \Leftrightarrow x\left(x^2 - 4\right) = 0 \Leftrightarrow x = 0 \vee x = \pm 2$, also sind die Nullstellen -2, 0 und 2.
- Da $f(-x) = (-x)^3 - 4 \cdot (-x) = -x^3 + 4x = -\left(x^3 - 4x\right) = -f(x)$, ist die Funktion ungerade.
- Es sind $f'(x) = 3x^2 - 4$ und $f''(x) = 6x$.
  - Also sind $f'(x) = 0 \Leftrightarrow x^2 = \frac{4}{3} \Leftrightarrow x = \pm\frac{2}{\sqrt{3}}$ zwei kritische Stellen.
  - Da $f''\left(\frac{2}{\sqrt{3}}\right) = \frac{12}{\sqrt{3}} > 0$ und $f''\left(-\frac{2}{\sqrt{3}}\right) = -\frac{12}{\sqrt{3}} < 0$ sind, ist $\left(\frac{2}{\sqrt{3}}, f\left(\frac{2}{\sqrt{3}}\right)\right) = (1.15, -3.08)$ ein lokaler Tiefpunkt und $\left(-\frac{2}{\sqrt{3}}, f\left(-\frac{2}{\sqrt{3}}\right)\right) = (-1.15, 3.08)$ ein lokaler Hochpunkt.
- $f''(x) = 0 \Leftrightarrow 6x = 0 \Leftrightarrow x = 0$. Also kommt nur der Ursprung für einen Wendepunkt in Frage. Da $f'''(x) = 6$ und insbesondere $f'''(0) = 6 \neq 0$ handelt es sich tatsächlich um einen Wendepunkt.
- Es ist $\lim\limits_{x \to \pm\infty} f(x) = \lim\limits_{x \to \pm\infty} x\left(x^2 - 4\right) = \pm\infty$ (denn „$\pm\infty \cdot \infty = \pm\infty$"). Damit gibt es keine globalen, sondern nur lokale Extrema und der Wertebereich ist $W_f = \mathbb{R}$.

Bild 7.2 zeigt den Graphen der Funktion mit markierten Null-, Extrem- und Wendestellen.

Verständnisfrage 57
Bestimmen und identifizieren Sie die Extremstellen der reellen Funktion f mit $f(x) = \frac{1}{3}x^3 + \frac{1}{2}x^2 - 6x - 2$. Grenzwertberechnungen werden hier nicht gefordert.

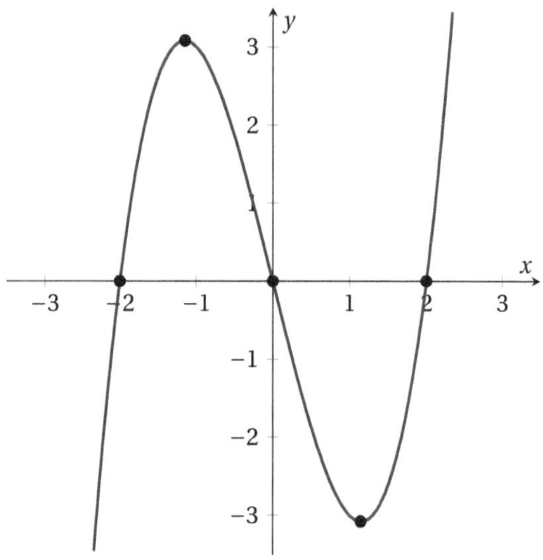

Bild 7.2 Graph der Funktion $f(x) = x^3 - 4x$ ▲

7.5 Präsenzaufgaben

Bearbeiten Sie die folgenden Aufgaben möglichst allein oder bei Schwierigkeiten in Kleingruppen. Bitte benutzen Sie keine Hilfsmittel wie Taschenrechner o. ä., sofern die Aufgabe dies nicht explizit erlaubt. Rechnen Sie stets mit Brüchen, um Ihre Bruchrechenfähigkeiten zu trainieren.

Aufgabe 1 (Polynome ableiten)

Leiten Sie die folgenden reellen Funktionen so oft ab, bis alle nachfolgenden Ableitungen konstant Null sind.

a) $f(x) = 3x^2 - \frac{2}{3}x + 33$

b) $f(x) = -\frac{1}{2}x^3 - \sqrt{2}x^2 + 9$

c) Wie oft müssen Sie ein Polynom vom Grad n, also $a_n x^n + a_{n-1}x^{n-1} + \ldots + a_1 x + a_0$ mit $a_i \in \mathbb{R}$ und $a_n \neq 0$, ableiten, bis die Ableitung Null ist?

Aufgabe 2 (Summen ableiten)

Bestimmen Sie die erste Ableitung folgender reeller Funktionen. Benutzen Sie hier bitte noch keine Quotientenregel.

a) $f(x) = \frac{1}{3}x^{999} - 3\ln(x) + 6e^x$

b) $f(x) = \sin(x) - \cos(x)$

c) $f(x) = -\sqrt{x} + \frac{1}{x} - 2x^{-2} + \frac{2}{\sqrt{x}}$

d) $f(x) = \sum_{i=0}^{n} x^i$

Aufgabe 3 (Produktregel)
Bestimmen Sie die erste Ableitung folgender reeller Funktionen.

a) $f(x) = 3x^2 \sin(x)$

b) $f(x) = \left(-2x^3 + 5x^2\right)\ln(x)$

c) $f(x) = (7x - 9)e^x$

d) $f(x) = \sin(x)\cos(x)$

e) $f(x) = \sqrt{x} \cdot \ln(x)$

f) (Zusatz) $f(x) = \sin(x)p(x)e^x$, wobei p eine differenzierbare Funktion sei.

Aufgabe 4 (Quotientenregel)
Bestimmen Sie die erste Ableitung folgender reeller Funktionen.

a) $f(x) = \dfrac{2x^2 - 3x + 1}{\sin(x)}$

b) $f(x) = \dfrac{-3x^4 + 6x^2}{e^x}$

c) (Zusatz) $f(x) = \tan(x)$

Aufgabe 5 (Kettenregel)
Bestimmen Sie die erste Ableitung folgender reeller Funktionen.

a) $f(x) = \sin\left(3x^2 + 5x - 1\right)$

b) $f(x) = -2e^{-3x}$

c) $f(x) = e^{\sqrt{x}}$

d) $f(x) = \sqrt{5x^2 + 3}$

e) $f(x) = \ln\left(2x^4 + 3x^2 + 7\right)$

f) $f(x) = \ln\left(\sqrt{x}\right)$

g) $f(x) = \sin(\cos(x))$

h) (Zusatz) $f(x) = \sin\left(\ln\left(\sqrt{x}\right)\right)$

Aufgabe 6 (Mischmasch)
Bestimmen Sie die erste Ableitung folgender reeller Funktionen.

a) $f(x) = \sin(3x)e^{x^2}$

b) $f(x) = \dfrac{\sin\left(x^2\right)}{e^{3x}}$

c) $f(x) = \sqrt{\ln\left(3x^2 + 4x + 1\right)}$

Aufgabe 7 (Der Flugzeug-Satz)
Man stelle sich vor, zwei Flugzeuge fliegen übereinander in dieselbe Richtung. Es ist offensichtlich, dass wenn das untere Flugzeug nicht steiler nach oben fliegt als das obere Flugzeug, so werden sie niemals kollidieren. Dies wollen wir nun mathematisch beweisen.
Es seien f und g zwei reelle, differenzierbare Funktionen mit $f(0) < g(0)$. Für alle $x > 0$ gelte, dass $f'(x) < g'(x)$. Zeigen Sie, dass für alle $x > 0$ nun auch $f(x) < g(x)$ gilt.

Anleitung: Betrachten Sie die Höhendifferenzfunktion $h(x) = g(x) - f(x)$. Was gilt für $h(0)$? Was können sie über $h'(x)$ sagen? Was folgt daraus für f und g?

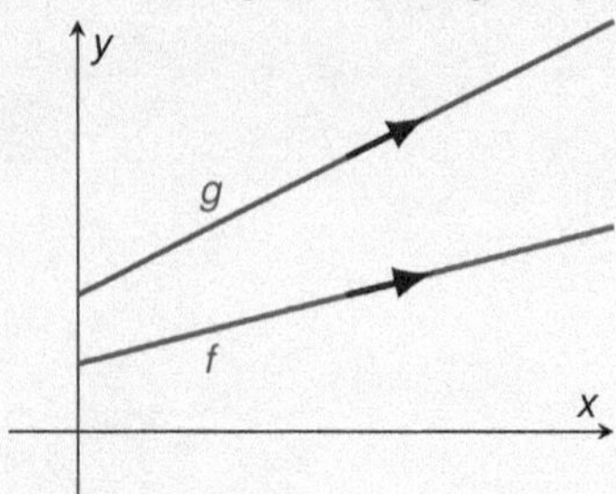

Aufgabe 8 (Kurvendiskussion)

Bestimmen Sie den Definitionsbereich, die Nullstellen, die Extrempunkte und die Wendestellen (jeweils falls vorhanden) der reellen Funktion f mit

$$f(x) = e^{-\frac{1}{2}x}\left(x^2 + x - 2\right)$$

Skizzieren Sie den Graphen in einem passenden Koordinatenkreuz. Um Rechenzeit zu sparen, geben wir Ihnen vor, dass die dritte Ableitung bei den berechneten Wendestellen-Kandidaten ungleich Null ist (Sie müssen also die dritte Ableitung nicht berechnen und auswerten). Versuchen Sie möglichst auf den Taschenrechner zu verzichten, solange die Rechnungen noch im Kopf lösbar sind.

Zusatz: Falls Sie noch aus der Schule die Regel von l'Hospital kennen, so berechnen Sie auch die notwendigen Grenzwerte, um den Wertebereiche von f zu bestimmen und um entscheiden zu können, ob lokale oder globale Extrema vorliegen.

Zusatzaufgabe 9 (Geschwindigkeitsrausch)

Die Funktion $f(t) = -0.7t^2 + 22t - 7.8$ beschreibe für ein Fahrzeug den zurückgelegten Weg (in Metern) in Abhängigkeit von der Zeit (in Sekunden).

a) Welchen Weg hat das Fahrzeug nach 5 Sekunden zurückgelegt?
b) Welche Durchschnittsgeschwindigkeit besitzt das Fahrzeug in dem Zeitintervall $1 \geq t \geq 3$?
c) Berechnen Sie die Momentangeschwindigkeit des Fahrzeugs bei 3 Sekunden.

Zusatzaufgabe 10 (Der Logarithmus-Trick)

Bestimmen Sie die erste Ableitung der folgenden beiden Funktionen.

a) $f(x) = 5^x$
b) $f(x) = x^x$ (für $x > 1$)

■

7.6 Übersicht

Diese Übersicht dient zum schnellen Nachschlagen (z. B. in den Tutorien). Es empfiehlt sich, Lernhilfen und Übersichten selbst anzufertigen, da dies den Lernprozess unterstützt.

Die erste Ableitung einer Funktion $f: D_f \subseteq \mathbb{R} \to \mathbb{R}$ bei $a \in D_f$ wird über den Differentialquotienten definiert:

$$f'(a) = \lim_{x \to a} \frac{f(x) - f(a)}{x - a}$$

Es seien $n \in \mathbb{R}$ und $a > 0$. Auf den jeweiligen Definitionsbereichen sind folgende Funktionen differenzierbar und haben als erste Ableitung:

$f(x)$	$f'(x)$
$c \in \mathbb{R}$	0
x^n	nx^{n-1}
$\sqrt{x}$	$\frac{1}{2\sqrt{x}}$
e^x	e^x
$\ln(x)$	$\frac{1}{x}$
$\sin(x)$	$\cos(x)$
$\cos(x)$	$-\sin(x)$

Ausnahme: $\sqrt{x}$ ist nur auf $]0,\infty[$, also nicht bei 0, differenzierbar.

Sofern die entsprechenden Ableitungen bzw. Verkettungen existieren, gelten:
Linearität: $\left(ag(x) + bh(x)\right)' = ag'(x) + bh'(x)$
Produktregel: $\left(g(x)h(x)\right)' = g'(x)h(x) + g(x)h'(x)$
Quotientenregel: $\left(\frac{g(x)}{h(x)}\right)' = \frac{g'(x)h(x) - g(x)h'(x)}{h^2(x)}$
Kettenregel: $\left(g(h(x))\right)' = g'(h(x))h'(x)$

Der Logarithmustrick (anschließend Kettenregel):

$$f(x) = a^x = e^{\ln(a^x)} = e^{x\ln(a)}$$

Details zur Kurvendiskussion finden Sie im entsprechenden Abschnitt.

7.7 Lösungen zu den Verständnisfragen

(48) Von der Sekante zur Tangente

Wir setzen die konstante Funktion $f: \mathbb{R} \to \mathbb{R}$ mit $f(x) = c$ ($c \in \mathbb{R}$) in den Differenzenquotienten ein:

$$m = \frac{f(x_1) - f(x_2)}{x_1 - x_2} = \frac{c - c}{x_1 - x_2} = 0$$

Eine konstante Funktion hat als Graphen einfach eine horizontale Linie (auf Höhe $y = c$). Ihr Steigung ist auch anschaulich gesehen überall Null.

(49) Der Differentialquotient

Die Steigung (Ableitung) setzt den zurückgelegten Weg ins Verhältnis zur dabei vergangenen Zeit. Dies ist die gefahrene Geschwindigkeit zur entsprechenden Zeit, also wie schnell man beispielsweise zum Zeitpunkt $t = 3\,\mathrm{h}$ gerade fährt. Das kann man sich auch mit dem Differenzenquotienen deutlich machen. Hier teilen wir die y-Werte (also Kilometer) durch die x-Werte (also die Zeit in Stunden), was zum Bruch $\frac{\mathrm{km}}{\mathrm{h}}$ führt. Dies kennen wir als eine Einheit für Geschwindigkeit.

(50) Linearität der Ableitung

Wir haben bereits gesehen, dass die Ableitung von $f(x) = x^2$ eben $f'(x) = 2x$ ist. Zudem ist klar, dass die Ableitung von $f(x) = x$ einfach $f'(x) = 1$ ist. In der vorletzten Verständnisaufgabe haben Sie sich verdeutlicht, dass konstante Funktionen immer die Steigung Null haben (also $f(x) = c \in \mathbb{R}$ führt zu $f'(x) = 0$). Dementsprechend folgt dank der Linearität der Ableitung:

$$f(x) = -x^2 + 7x - 3 \Rightarrow f'(x) = -2x + 7$$

(51) Wichtige Ableitungen

$$f(x) = -3x^5 + 2\sqrt{x} + 4\ln(x) \Rightarrow f'(x) = -15x^4 + \frac{1}{\sqrt{x}} + \frac{4}{x}$$

(52) Produktregel

Die Vorschrift $f(x) = x^2 e^x$ besteht aus den Faktoren $g(x) = x^2$ und $h(x) = e^x$. Da $g'(x) = 2x$ und $h'(x) = e^x$ folgt nach Produktregel:

$$f'(x) = 2xe^x + x^2 e^x = e^x \left(x^2 + 2x\right)$$

(53) Quotientenregel

Die Vorschrift $f(x) = \frac{\sin(x)}{x^2}$ besteht aus dem Zähler $g(x) = \sin(x)$ und dem Nenner $h(x) = x^2$. Da $g'(x) = \cos(x)$ und $h'(x) = 2x$ folgt nach Quotientenregel:

$$f'(x) = \frac{\cos(x)x^2 - \sin(x)2x}{x^4}$$

(54) Exkurs: Verkettung von Funktionen

Die Funktion g mit der Funktionsvorschrift $g(x) = x^2 + 1$ hat als Definitionsbereich $D_g = \mathbb{R}$ und als Wertebereich $W_g = [1, \infty[$. Die Logarithmusfunktion ($h(x) = \ln(x)$) hat bekanntlich $D_h =]0, \infty[$ und $W_h = \mathbb{R}$. Die Verkettung

$$g(h(x)) = \ln^2(x) + 1$$

stellt kein Problem dar, da $W_h \subseteq D_g$ ist. Die Verkettung

$$h(g(x)) = \ln\left(x^2 + 1\right)$$

ist ebenfalls möglich, da auch $W_g \subseteq D_h$ ist.

(55) Die Kettenregel
Die äußere Funktion ist der Kosinus und dessen Ableitung ist $-\sin(x)$. Die Ableitung der inneren Funktion ist $7x^6$. Daher gilt nach Kettenregel:

$$f(x) = \cos\left(x^7\right) \Rightarrow f'(x) = -\sin\left(x^7\right) \cdot 7x^6$$

(56) Der Logarithmus-Trick
Die Vorschrift der reellen Funktion f mit $f(x) = 3^x$ lässt sich auch schreiben als:

$$f(x) = 3^x = e^{\ln(3^x)} = e^{x\ln(3)}$$

Damit lautet die Ableitung nach Kettenregel:

$$f'(x) = e^{x\ln(3)}\ln(3) = 3^x\ln(3)$$

(57) Kurvendiskussion
Wir benötigen die ersten beiden Ableitungen:

$$f(x) = \frac{1}{3}x^3 + \frac{1}{2}x^2 - 6x - 2$$
$$f'(x) = x^2 + x - 6$$
$$f''(x) = 2x + 1$$

Kritische Stellen sind die Nullstellen der ersten Ableitung:

$$x^2 + x - 6 = 0 \Leftrightarrow \left(x + \frac{1}{2}\right)^2 = \frac{25}{4} \Leftrightarrow x = 2 \vee x = -3$$

Da $f''(2) = 5 > 0$ ist, liegt bei $(2, f(2)) \approx (2, -9.33)$ ein Tiefpunkt vor. Und da $f''(-3) = -5 < 0$ ist, liegt bei $(-3, f(-3)) \approx (-3, 11.5)$ ein Hochpunkt vor.

8 Integralrechnung

Die Integralrechnung nimmt bereits früh im Studium einen relevanten Anteil ein. So wird beispielsweise in der Statik der Schwerpunkt über Integrale berechnet oder in der Elektrotechnik der durch eine Fläche fließende Strom. Im späteren Verlauf des Studiums werden komplexere Zusammenhänge über Differentialgleichungen beschrieben, die häufig über Integralrechnung gelöst werden. In der BWL findet man das Integral beispielsweise in der Berechnung der Konsumentenrente (Differenz zwischen dem Preis, welchen die Konsumenten zu zahlen bereit sind, und dem wirklich gezahlten Preis). Natürlich hat die Integralrechnung auch fundamentale Bedeutung für die Stochastik und die Statistik, welche in vielen Studiengänge der Ingenieur- oder Wirtschaftswissenschaften von Bedeutung sind.

8.1 Grundlegende Idee und Eigenschaften

Wir konzentrieren uns in erster Linie auf die Rechenfertigkeiten, da die Konzepte und Beweise ggf. in den kommenden Mathematikveranstaltungen ausführlicher besprochen werden. Daher stellen wir an dieser Stelle nur kurz die Basisidee vor und beschränken uns auf vereinfachte Darstellungen.

8.1.1 Flächenapproximation durch Rechtecke

Eine Möglichkeit, das **Integral** einzuführen, besteht darin, dass man sich als Ziel setzt, den Flächeninhalt unter einer Kurve zu bestimmen. Dies kann geometrische oder auch physikalische Gründe haben, denn wenn beispielsweise eine Funktion die Geschwindigkeit eines Fahrzeugs zum Zeitpunkt t angibt, so lässt sich durch Berechnung des Flächeninhalts unter der Kurve die zurückgelegte Wegstrecke bestimmen. Auch lassen sich Wahrscheinlichkeiten durch Flächenberechnung bestimmen (siehe z. B. Normalverteilung). Wir interessieren uns nun ganz allgemein für den Flächeninhalt zwischen einem Funktionsgraphen und der x-Achse.

Beispielsweise sei die Fläche unterhalb der reellen Funktion f mit $f(x) = -\frac{1}{4}x^2 + \frac{9}{4}x - 2$ im Intervall $[1, 8]$ gesucht (vgl. Bild 8.1).

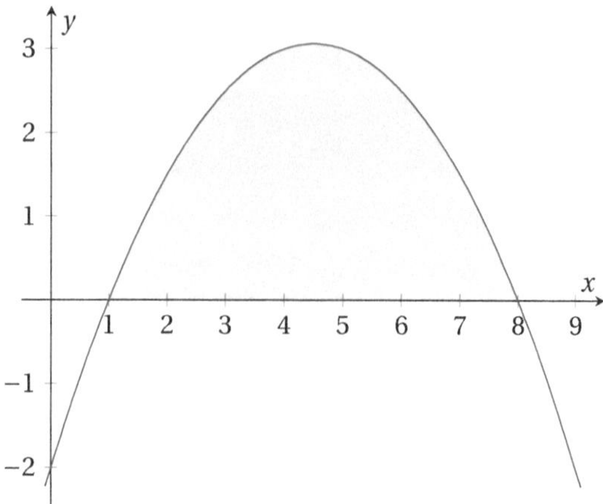

Bild 8.1 Gesuchter Flächeninhalt unterhalb eines Funktionsgraphen

Aus der Schule wissen Sie sicherlich, dass sich Flächeninhalte von Rechtecken sehr einfach bestimmen lassen („Höhe mal Breite"), wobei bei uns die Höhe durch die Funktion gegeben wird. Wenn wir nun die Fläche mittels Rechtecken bestimmen wollen (siehe Bild 8.2), so fällt auf, dass wir dabei stets Fehler machen, da die Rechtecke zu wenig Flächeninhalt abdecken. Umso mehr Rechtecke wir einbauen, desto genauer können wir den Flächeninhalt approximieren (d. h. näherungsweise berechnen). Wenn wir nun unendlich viele (also auch unendlich-dünne) Rechtecke unter den Graphen (der Ihnen bekannten Funktionen) legen, so wird die Summe der Flächeninhalte dem tatsächlichen Flächeninhalt unter der Kurve entsprechen. Im Fall von Bild 8.2 sagt man, dass man die **Untersumme** berechnet, wenn man die Fläche der Rechtecke (die alle unterhalb des Funktionsgraphen liegen) aufsummiert.

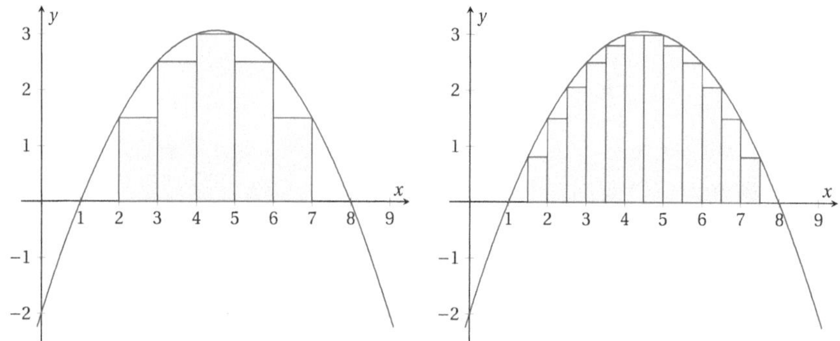

Bild 8.2 Der Flächeninhalt wird immer genauer approximiert

Dieses Vorgehen über die Rechtecke ist eine erste sehr einfache Methode, um den Flächeninhalt auch unter solchen Kurven näherungsweise zu berechnen, bei denen es mathematisch nicht exakt möglich ist (siehe z. B. Normalverteilung, Gaußsche Glockenkurve). Gegebenenfalls erlernen Sie effizientere Methoden in der Numerik kennen.

GeoGebra: Integral
Sie können eigene Funktionen eingeben und Ober-/Untersummen mit verschiedenen Intervallbreiten vergleichen.
■

Verständnisfrage 58

a) Berechnen Sie die Untersumme zur linken Darstellung in Bild 8.2 im Bereich $[2,4]$. Sie müssen also nur die Fläche von zwei Rechtecken bestimmen und addieren.
b) Eine integrierbare Funktion f gebe in Abhängigkeit von der Zeit (in Stunden) die momentane Geschwindigkeit eines Fahrzeugs an. Welche Information liefert dann das Integral über f im Intervall $[2,5]$?
■

8.1.2 Schreibweise, Eigenschaften und Verbindung zur Differentialrechnung

Das Integral ist, wie wir gerade gesehen haben, also letztlich eine unendliche Summe von Rechtecks-Flächeninhalten. Das Integralsymbol (das große „S") erinnert an diese Summe. Wir schreiben

$$\int_a^b f(x)\,\mathrm{d}x$$

und lesen es wie folgt: „Das Integral von a bis b über $f(x)$". Man bemerke, dass man die Grenzen[1] $a, b \in \mathbb{R}$ von unten nach oben liest (analog zur Summenschreibweise). Das $\mathrm{d}x$ zeigt an, nach welcher Variable integriert wird. Die genaue Bedeutung wird ggf. im Studium behandelt.
Für integrierbare Funktionen[2] f, g und $\lambda \in \mathbb{R}$ gelten:

1. Linearität, d. h. Summanden können getrennt integriert und Faktoren dürfen heraus gezogen werden:

$$\int_a^b \lambda f(x) + g(x)\,\mathrm{d}x = \lambda \int_a^b f(x)\,\mathrm{d}x + \int_a^b g(x)\,\mathrm{d}x$$

2. Sind die Grenzen identisch, so gibt es keine Fläche:

$$\int_a^a f(x)\,\mathrm{d}x = 0$$

3. Statt die Gesamtfläche zu berechnen, kann man diese auch in zwei Teilflächen zerlegen. Sind $a \le b \le c$ so gilt:

$$\int_a^c f(x)\,\mathrm{d}x = \int_a^b f(x)\,\mathrm{d}x + \int_b^c f(x)\,\mathrm{d}x$$

---

[1] Wir nehmen üblicherweise $a \le b$ an. Ist dies nicht der Fall, so kann man die Grenzen des Integrals tauschen, muss dabei jedoch das Vorzeichen des Integrals ändern. Diese Regel benötigen wir im Rahmen dieses Kapitels jedoch nicht.

[2] Integrierbar heißt, dass das Integral über die Funktion f existiert, es also eine endliche Zahl ist.

Der sogenannte **Hauptsatz der Differential- und Integralrechnung** liefert den zentralen Zusammenhang zwischen Integralen und der Ableitung und ermöglicht so die Berechnung von Integralen:
Ist $f: [a, b] \to \mathbb{R}$ auf $[a, b]$ stetig[3], so ist für alle $x_0 \in [a, b]$ die Integralfunktion $F: [a, b] \to \mathbb{R}$ mit

$$F(x) = \int_{x_0}^{x} f(t)\,\mathrm{d}t$$

differenzierbar und eine **Stammfunktion** von f, d. h. es gilt

$$F'(x) = f(x)$$

für alle $x \in [a, b]$. Weiterhin kann das Integral mittels der Stammfunktion F ausgerechnet werden, denn es gilt:

$$\int_a^b f(x)\,\mathrm{d}x = F(b) - F(a)$$

Wir fassen zusammen: Die Ableitung der Stammfunktion ist wieder die ursprüngliche Funktion. Wollen wir das Integral einer Funktion berechnen, so bestimmen wir die Stammfunktion und setzen erst die obere Grenze ein und dann die untere und ziehen die Ergebnisse voneinander ab. Man schreibt für letzteres häufig auch abkürzend:

$$\int_a^b f(x)\,\mathrm{d}x = \big[F(x)\big]_a^b := F(b) - F(a)$$

Beispiel:
Eine Stammfunktion von $f: \mathbb{R} \to \mathbb{R}$ mit $f(x) = 2x$ ist $F: \mathbb{R} \to \mathbb{R}$ mit $F(x) = x^2$ (denn $\left(x^2\right)' = 2x$). Die Fläche zwischen dem Graphen von f und der x-Achse im Bereich $[4,6]$ lässt sich also wie folgt berechnen:

$$\int_4^6 2x\,\mathrm{d}x = F(6) - F(4) = 36 - 16 = 20$$ ▲

Verständnisfrage 59
Eine Stammfunktion zum Kosinus ist der Sinus (denn $\sin'(x) = \cos(x)$). Berechnen Sie die Fläche unterhalb von $f(x) = 2\cos(x)$ im Bereich $\left[0, \frac{\pi}{2}\right]$. ■

[3] In der Schule wird Stetigkeit häufig damit erklärt, dass man den Graphen der Funktion zeichnen kann, ohne den Stift abzusetzen. Dies ist jedoch nur eine sehr behelfsmäßige Veranschaulichung, die zu Fehlvorstellungen führen kann. Die saubere Definition von Stetigkeit wird ggf. in den Mathematik-Veranstaltungen behandelt. Wir arbeiten in diesem Kapitel nur mit stetigen Funktionen.

8.2 Wichtige Stammfunktionen und die Flächeninhaltsberechnung

8.2.1 Wichtige Stammfunktionen

Da wir nun den Zusammenhang zwischen Stammfunktion und der ursprünglichen Funktion (nämlich über die Ableitung) kennen, können wir auch einige wichtige Stammfunktionen notieren, die wir noch häufiger benötigen werden (vgl. Tabelle 8.1). Sie folgen direkt aus der Ableitungstabelle (Tabelle 7.1).

$f(x)$	$F(x)\ (+c \in \mathbb{R})$
$k \in \mathbb{R}$	kx
x^n	$\frac{1}{n+1}x^{n+1}$ mit $n \neq -1$
$\frac{1}{x}$	$\ln\|x\|$ mit $x \neq 0$
e^x	e^x
$\sin(x)$	$-\cos(x)$
$\cos(x)$	$\sin(x)$

Tabelle 8.1 Einige wichtige Stammfunktionen

Die Stammfunktion einer Funktion ist nur bis auf einen konstanten Summanden eindeutig. Denn das Ableiten von sowohl x^2 als auch x^2+5 (oder eben x^2+c mit $c \in \mathbb{R}$) führt zu $2x$. Dies erklärt das „$+c \in \mathbb{R}$“ in der ersten Zeile der Tabelle. Üblicherweise setzt man einfach $c = 0$ und würde also x^2 als „die“ Stammfunktion von $2x$ ansehen. Will man lediglich eine Stammfunktion (und keine Fläche) berechnen, so lässt man häufig die Integrationsgrenzen weg.[4]

Beispiel:
Wir wollen eine Stammfunktion zu der reellen Funktion f mit $f(x) = -3x^2 + \frac{3}{2}e^x + 2$ berechnen. Aufgrund der Linearität des Integrals können wir die Summanden einzeln integrieren und dabei die Tabelle 8.1 zurate ziehen. Wir rechnen also:

$$\int -3x^2 + \frac{3}{2}e^x + 2\,dx = -3 \cdot \frac{1}{3}x^3 + \frac{3}{2}e^x + 2x = -x^3 + \frac{3}{2}e^x + 2x \quad (+c \in \mathbb{R})$$ ▲

[4] Man kann aber auch einfach die obere Grenze als Variable x wählen und für die untere eine unproblematische Zahl (meist 0 oder 1). Dies hat insbesondere bei der Integration per Substitution den Vorteil, dass man dann auf die Rücksubstitution verzichten kann und sie somit auch nicht vergessen kann.

Wenn Sie eine Stammfunktion berechnet haben, so können Sie leicht die Probe durch Ableiten machen.

Beispiel:

$$\left(-x^3+\frac{3}{2}e^x+2x\right)'=-3x^2+\frac{3}{2}e^x+2$$ ▲

Verständnisfrage 60
Bestimmen Sie eine Stammfunktion zur reellen Funktion f mit $f(x)=15x^2-7\cos(x)+\frac{1}{2\sqrt{x}}$ und machen Sie anschließend die Probe. ■

8.2.2 Flächeninhalt berechnen

Will man die tatsächliche **Fläche** zwischen einem Graphen und der x-Achse bestimmen, so muss man beachten, dass Flächen unterhalb der x-Achse ein negatives Vorzeichen beim Integrieren erhalten. So kann es passieren, dass eine Fläche plötzlich Null ist, weil sich die Flächenstücke gegenseitig „aufheben“ (vgl. Bild 8.3).

Beispiel:

$$\int_0^{\pi}\cos(x)\,\mathrm{d}x=\left[\sin(x)\right]_0^{\pi}=\sin(\pi)-\sin(0)=0-0=0$$ ▲

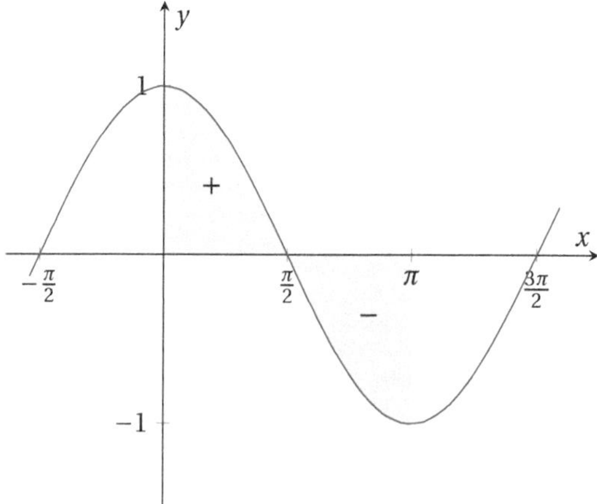

Bild 8.3 Positive und negative Flächen am Beispiel des Kosinus

Um dies zu verhindern, muss man über den Betrag der Funktion integrieren. Das heißt, man muss von Nullstelle zu Nullstelle integrieren und den Betrag entsprechend korrekt auflösen.

Beispiel:
Im Intervall $[0, \pi]$ besitzt der Kosinus nur bei $\frac{\pi}{2}$ eine Nullstelle. Für $x < \frac{\pi}{2}$ ist er positiv, für $x > \frac{\pi}{2}$ ist er negativ. Dementsprechend gilt:

$$\begin{aligned}\int_0^{\pi} |\cos(x)|\,\mathrm{d}x &= \int_0^{\frac{\pi}{2}} \cos(x)\,\mathrm{d}x + \int_{\frac{\pi}{2}}^{\pi} -\cos(x)\,\mathrm{d}x \\ &= \left[\sin(x)\right]_0^{\frac{\pi}{2}} - \left[\sin(x)\right]_{\frac{\pi}{2}}^{\pi} \\ &= \left(\sin\left(\frac{\pi}{2}\right) - \sin(0)\right) - \left(\sin(\pi) - \sin\left(\frac{\pi}{2}\right)\right) \\ &= (1-0) - (0-1) = 1+1 = 2\end{aligned}$$

Man kann gerade in der letzten Zeile gut sehen, dass die positive Fläche einen Flächeninhalt von 1 besitzt und die negative einen Flächeninhalt von -1. Daher haben sie sich auch genau zu 0 aufgehoben. Durch den Betrag wird die negative Fläche positiv und das Gesamtergebnis ist auch anschaulich sinnvoll. ▲

Häufig ist es allerdings so, dass man gar nicht am Flächeninhalt selbst interessiert ist, sondern das Integral für sich berechnen will. Dann darf man dieses gerade vorgestellte Verfahren nicht durchführen, sondern berechnet das Integral unabhängig von möglichen Nullstellen (dann kann es auch negativ werden). Die Aufgabe bzw. der Anwendungsbezug geben vor, welche Form der Integralberechnung angebracht ist.

Verständnisfrage 61
Berechnen Sie die Fläche, die von dem Graphen der reellen Funktion f mit $f(x) = x^2 - 4$ und der x-Achse im Intervall $[0, 3]$ eingeschlossen wird. ■

8.3 Integrationsregeln

Wir kennen bereits die Produkt- und Kettenregel der Differentialrechnung. Nun wollen wir uns die entsprechenden Regeln für die Integration ansehen. Es sei angemerkt, dass Integration (im Gegensatz zur Differentiation) häufig auch eine kreative Aufgabe sein kann, denn nicht immer kommt man mit den Standardregeln zum Ergebnis und mitunter sind Funktionen nicht einmal „per Hand" integrierbar[5], sondern können nur numerisch approximiert werden. Wir werden hier natürlich nur die einfacheren Integrale behandeln.

8.3.1 Partielle Integration

Will man die Stammfunktion einer Funktion der Form $f(x) \cdot g(x)$ bestimmen, so kann die partielle Integration zum Ziel führen. Sie stellt gewissermaßen das Pendant zur Produkt-

5 Man kann z. B. die Stammfunktion von e^{x^2} nicht durch elementare Funktionen ausdrücken.

regel der Differentialrechnung dar. Wir geben die Regel in zwei Formen an, wobei wir nur mit der zweiten arbeiten werden. Die erste findet man allerdings häufiger in der Literatur.

Es seien $f, g: [a, b] \to \mathbb{R}$ zwei stetig differenzierbare[6] Funktionen auf $[a, b]$, so gilt:

$$\int_a^b f(x) \cdot g'(x)\,\mathrm{d}x = \left[f(x) \cdot g(x)\right]_a^b - \int_a^b f'(x) \cdot g(x)\,\mathrm{d}x$$

Eine in der rechnerischen Anwendung meist übersichtlichere Form ist die folgende. Sei G eine Stammfunktion von g, so gilt unter den oben genannten Voraussetzungen:

$$\int_a^b \underbrace{f(x)}_{\downarrow} \cdot \underbrace{g(x)}_{\uparrow}\,\mathrm{d}x = \left[f(x) \cdot G(x)\right]_a^b - \int_a^b f'(x) \cdot G(x)\,\mathrm{d}x$$

Die Pfeile sollen dabei andeuten, welche Funktion später differenziert und welche integriert wird. Man merke sich: Integrieren muss man immer, ableiten darf man nur einmal. Die zweite Form ist insofern etwas intuitiver, da man sie direkt auf das vorliegende Produkt an Funktionen anwendet und dann entscheidet, welche Funktion im Laufe der Rechnung integriert bzw. differenziert werden soll.
Wie aber setzt man nun die Pfeile? Insgesamt muss man sich als Ziel vornehmen, dass das neu entstehende Integral (eventuell auch nach mehrfacher Anwendung der partiellen Integration) so einfach wird, dass man es im Kopf (bzw. per Tabelle) lösen kann. Welche Funktion nun in der Regel differenziert und welche integriert wird, lässt sich nicht allgemein sagen. Man kann sich aber als grobe Faustregel merken, dass die erfolgreiche Anwendung der partiellen Integration verlangt, dass einer der beiden Faktoren (also $f(x)$ oder $g(x)$) durch das Ableiten „einfacher" werden soll und der andere Faktor darf nicht durch Integration deutlich „schwieriger" werden. So wird beispielsweise ein Polynom (wie $f(x) = x^2 + 3x - 2$) beim Ableiten immer einfacher (bis es sogar schließlich Null wird), während das Integrieren des Polynoms dieses immer komplexer werden lässt. Weitere Tricks im Zusammenhang mit der partiellen Integration werden ggf. im Studium behandelt.

Beispiel:
Wir möchten nachfolgendes Integral berechnen. Die zu integrierende Funktion $2x\cos(x)$ besteht aus den Faktoren $f(x) = 2x$ und $g(x) = \cos(x)$. Das Ableiten von $2x$ macht den Faktor einfacher, während das Ableiten von $\cos(x)$ nicht viel an der Komplexität ändern würde. Somit ist klar, dass wir den Abwärtspfeil an $2x$ setzen und den Aufwärtspfeil an $\cos(x)$.

$$\begin{aligned}\int_0^{\frac{\pi}{2}} \underbrace{2x}_{\downarrow} \cdot \underbrace{\cos(x)}_{\uparrow}\,\mathrm{d}x &= \left[2x \cdot \sin(x)\right]_0^{\frac{\pi}{2}} - \int_0^{\frac{\pi}{2}} 2 \cdot \sin(x)\,\mathrm{d}x \\ &= \pi - 2\left[-\cos(x)\right]_0^{\frac{\pi}{2}} \\ &= \pi - 2(0+1) = \pi - 2\end{aligned}$$

6 Das bedeutet, dass auch die Ableitung wieder stetig sein soll. Alle Funktionen, die wir hier und in den Übungen betrachten, sind stetig differenzierbar.

Die Pfeile sind nur eine didaktische Rechenhilfe, können aber sehr nützlich sein, um die Rechnung auch noch Wochen später (z. B. während der Vorbereitung auf die Klausur) nachvollziehen zu können. ▲

Verständnisfrage 62

Berechnen Sie folgendes Integral mittels partieller Integration: $\int_0^\pi 5x\sin(x)\,dx$ ■

8.3.2 Substitution

Zum Abschluss schauen wir uns noch das Pendant der Kettenregel an. Die Substitutionsregel lautet in ihrer mathematisch korrekten Form:
Es seien I ein reelles Intervall, $f: I \to \mathbb{R}$ eine stetige und $g: [a, b] \to I$ eine stetig differenzierbare Funktion, so gilt:

$$\int_a^b f\left(g(t)\right) \cdot g'(t)\,\mathrm{d}t = \int_{g(a)}^{g(b)} f(x)\,\mathrm{d}x$$

Wir wollen an dieser Stelle erwähnen, dass es vereinfacht gesagt zwei Arten gibt, die Substitution durchzuführen. Die eine Variante ist die mathematisch korrekte, „saubere" Methode (s. o.). Sie ist jedoch ggf. etwas komplizierter zu erlernen und (gerade in den Ingenieurwissenschaften) nicht besonders beliebt. Die „Ingenieurvariante" ist leichter zu erlernen, jedoch hat sie den Nachteil, dass sie zwar oft, aber eben nicht immer zum Ziel führt. An dieser Stelle wollen wir uns auf die einfache Variante konzentrieren und verweisen für alles weitere auf die Mathematik-Veranstaltungen während des Studiums.

Die Ingenieur-Variante hat als Motto „Was mir nicht schmeckt, das substituier' ich weg.", d. h. man versucht durch geschickte Substitution eine Form zu erreichen, die man wieder von Hand (bzw. per Tabelle) integrieren kann.

Beispiel:
Wir wollen xe^{x^2} im Bereich $[2, 3]$ integrieren und erkennen, dass der wesentliche Teil der Ableitung des Inneren, bereits außen als Faktor steht $\left((x^2)' = 2x\right)$. Dies ist die optimale Situation. Im Sinne des Mottos stört uns das x^2 im Exponenten, weshalb wir $t = x^2$ substituieren wollen. Die Integralgrenzen, die zuvor von $x = 2$ bis $x = 3$ liefen, gehen jetzt von $t = 2^2 = 4$ bis $t = 3^2 = 9$. Der etwas unsaubere Trick in der Ingenieur-Variante besteht nun darin, wie man den Ausdruck $\frac{\mathrm{d}t}{\mathrm{d}x}$ handhabt.[7] Man liest ihn so, dass man $t = x^2$ nach x ableiten soll, was $2x$ ist, und folgert:

$$t = x^2 \Rightarrow \frac{\mathrm{d}t}{\mathrm{d}x} = 2x \Leftrightarrow \mathrm{d}x = \frac{1}{2x}\mathrm{d}t$$

7 Der Ausdruck $\frac{\mathrm{d}t}{\mathrm{d}x}$ ist eine alternative Schreibweise für die Ableitung und meint, dass der Zähler (hier $t = x^2$) nach dem Nenner (hier x) abgeleitet wird (was also $2x$ ergibt).

Diese $\frac{1}{2x}$ kürzen sich im Rahmen der Substitution also mit dem x im Ausdruck xe^{x^2} zu $\frac{1}{2}e^{x^2}$. Damit ergibt sich nun insgesamt:

$$\begin{aligned}\int_2^3 xe^{x^2}\,dx &\overset{t=x^2}{=} \int_4^9 \frac{1}{2}e^t\,dt\\ &= \left[\frac{1}{2}e^t\right]_4^9\\ &= \frac{1}{2}\left(e^9-e^4\right)\end{aligned}$$

Man könnte sich noch fragen, warum wir hier Substitution anwenden und nicht etwa partielle Integration? Es liegt schließlich ein Produkt vor. Zunächst sehen wir eine Verkettung (x^2 in e^x), was stark auf Substitution hinweist. Aber wir könnten auch die partielle Integration im Kopf durchgehen: Dazu müssten wir einen Faktor ableiten und den anderen integrieren können. Würden wir x ableiten, so haben wir das Problem, dass wir e^{x^2} integrieren müssten (was nicht von Hand möglich ist) oder aber wir leiten zwar e^{x^2} ab, aber dann müssen wir x integrieren, wodurch der ganze Ausdruck nur komplizierter wird. Wir kommen in diesem Fall also um die Substitution nicht herum. ▲

Wir haben stets nur mit bestimmten Integralen gerechnet, also Integralen mit Grenzen. In solchen Fällen werden auch die Grenzen substituiert, wie wir soeben gesehen haben. Bei unbestimmten Integralen (also ohne Grenzen) ist man aber gezwungen am Ende eine Rücksubstitution durchzuführen.

Beispiel:
Gesucht sei eine Stammfunktion zu $\frac{\sin(\ln(x))}{5x}$. Wir substituieren im Folgenden $t=\ln(x)$ und daher ist:

$$\frac{\mathrm{d}t}{\mathrm{d}x}=\frac{1}{x} \Leftrightarrow \mathrm{d}x = x\mathrm{d}t$$

$$\begin{aligned}\int \frac{\sin(\ln(x))}{5x}\,dx &\overset{t=\ln(x)}{=} \int \frac{1}{5}\sin(t)\,dt\\ &= -\frac{1}{5}\cos(t)\\ &\overset{t=\ln(x)}{=} -\frac{1}{5}\cos(\ln(x)) \quad (+c\in\mathbb{R})\end{aligned}$$

Im letzten Schritt wurde die Rücksubstitution (mit $t=\ln(x)$) durchgeführt. Integriert man über x, aber erhält am Ende eine Stammfunktion in t, so sollte man prüfen, ob man die Rücksubstitution nicht vergessen hat. ▲

Verständnisfrage 63
Bestimmen Sie per Substitution eine Stammfunktion zu $4x\sin(x^2)$. ■

8.4 Präsenzaufgaben

Bearbeiten Sie die folgenden Aufgaben möglichst allein oder bei Schwierigkeiten in Kleingruppen. Bitte benutzen Sie keine Hilfsmittel wie Taschenrechner o. ä., sofern die Aufgabe dies nicht explizit erlaubt. Rechnen Sie stets mit Brüchen, um Ihre Bruchrechenfähigkeiten zu trainieren.

Aufgabe 1 (Einfache Integrale)
Berechnen Sie folgende Integrale (nicht Flächeninhalte).

a) $\int_1^2 6x^2 - 4x + 2\,dx$

b) $\int_{-1}^3 -10t^4 - 12t^3 + 9t^2 - 2t + 1\,dt$

c) $\int_0^{\frac{\pi}{2}} 2\cos(p) - 3\sin(p)\,dp$

d) $\int_1^e -\frac{5}{a} + 7a^{-1}\,da$

e) $\int_0^1 3e^x + 2e^{-x}\,dx$ Vorsicht mit dem e^{-x}!

f) $\int_0^x 3t^2 + 2\cos(t)\,dt$

g) $\int_0^1 kx^3 - 2ke^x + \sin(k)\,dx$ mit $k \in \mathbb{R}$ konstant

h) (Zusatz) $\int_0^1 3kx^2 + e^{2k+1}x^{e-1} - x^{k-1}\,dx$ mit $k > 0$ konstant

i) (Zusatz) $\int_{-\infty}^0 e^x\,dx$ Wieso könnte das Ergebnis verwundern?

Aufgabe 2 (Partielle Integration)
Berechnen Sie folgende Integrale (nicht Flächeninhalte).

a) $\int_0^1 2xe^x\,dx$

b) $\int_0^1 (x^2 + 2x - 1)\cos(x)\,dx$

c) $\int_1^x 9t^2 \ln(t)\,dt$

d) Zeigen Sie durch ableiten, dass $F(x) = 3x^3 \ln(x) - x^3 - 1$ eine Stammfunktion von $f(x) = 9x^2 \ln(x)$ ist.

e) $\int_1^x 1 \cdot \ln(t)\,dt$

Tipp: 1 „hoch", ln „runter". Machen Sie anschließend die Probe, um zu zeigen, dass Sie tatsächlich eine Stammfunktion für den natürlichen Logarithmus gefunden haben.

f) (Zusatz) $\int_0^x \sin(t)\cos(t)\,dt$

Tipp: Wenden Sie partielle Integration an und versuchen Sie das Integral „wiederzufinden" und dann die entstandene Gleichung passend umzustellen.

Aufgabe 3 (Substitution)

Berechnen Sie folgende Integrale (nicht Flächeninhalte).

a) $\int_0^{\frac{\pi}{2}} 2x \sin\left(x^2\right) dx$

b) $\int_0^1 \sqrt{\frac{1}{3}x + 2dx}$

c) $\int_0^1 \frac{8}{4x+1}\,dx$

Aufgabe 4 (Flächenberechnung)

Berechnen Sie die Fläche zwischen dem Graphen und der x-Achse. Bestimmen Sie dazu zunächst die Nullstellen der Funktion in dem zu betrachtenden Intervall und prüfen Sie, ob und welche Flächenstücke ober- bzw. unterhalb der x-Achse liegen.

a) $f(x) = x^2 - 4$ im Intervall $[-2, 2]$

b) $f(x) = x\sin(x)$ im Intervall $[0, 2\pi]$

Zusatzaufgabe 5 (Schnittfläche von zwei Graphen)

Man kann auch auf ähnliche Art wie in der Aufgabe zuvor die Fläche zwischen zwei Funktionsgraphen berechnen. Versuchen Sie zunächst zu erkennen, wie das geht: Zeichnen Sie sich in der nachfolgenden Skizze ein, welche Flächen Sie bereits berechnen können und welche Fläche sie „stört". Zeigen Sie dann, dass die Fläche, die von

$$f(x) = -\frac{1}{6}x^3 + x^2 + \frac{4}{3} \quad \text{und} \quad g(x) = \frac{1}{3}x^3 - x^2 + \frac{4}{3}$$

eingeschlossen wird, etwa 10.67 Flächeneinheiten beträgt.

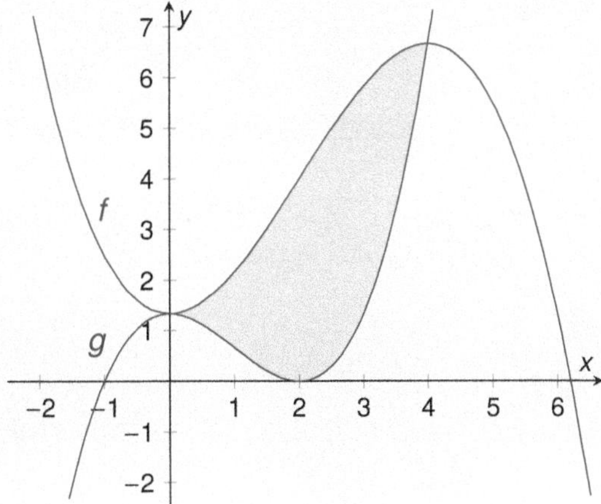

■

8.5 Übersicht

Diese Übersicht dient zum schnellen Nachschlagen (z. B. in den Tutorien). Es empfiehlt sich, Lernhilfen und Übersichten selbst anzufertigen, da dies den Lernprozess unterstützt.

Für integrierbare Funktionen f, g mit $a, b, c, \lambda \in \mathbb{R}$ gelten:

- $\int_a^b \lambda f(x) + g(x)\,\mathrm{d}x = \lambda \int_a^b f(x)\mathrm{d}x + \int_a^b g(x)\,\mathrm{d}x$ (Linearität)
- $\int_a^a f(x)\,\mathrm{d}x = 0$ (Sind die Grenzen gleich, so gibt es keine Fläche)
- Sind $a \le b \le c$, so gilt $\int_a^c f(x)\,\mathrm{d}x = \int_a^b f(x)\,\mathrm{d}x + \int_b^c f(x)\,\mathrm{d}x$ (Bereiche aufteilen)
- $\int_a^b f(x)\,\mathrm{d}x = -\int_b^a f(x)\,\mathrm{d}x$ (Grenzen vertauschen wechselt das Vorzeichen)

Hauptsatz der Differential- und Integralrechnung (gekürzt):

1. $F'(x) = f(x)$
2. $\int_a^b f(x)\,\mathrm{d}x = F(b) - F(a)$.

Wichtige Stammfunktionen (hier ohne Grenzen, daher eigentlich jeweils „$+c \in \mathbb{R}$“):

- $\int k\,\mathrm{d}x = kx$ (konstante Funktion integrieren)
- $\int x^n\,\mathrm{d}x = \frac{1}{n+1}x^{n+1}$ (sofern $n \neq -1$)
- $\int \frac{1}{x}\,\mathrm{d}x = \ln|x|$ (sofern $x \neq 0$)
- $\int e^x\,\mathrm{d}x = e^x$
- $\int \sin(x)\,\mathrm{d}x = -\cos(x)$
- $\int \cos(x)\,\mathrm{d}x = \sin(x)$

Nur bei Flächenberechnung beachten:

- Flächen unter der x-Achse sind negativ
- Berechne Nullstellen, teile Integral daran in mehrere auf
- Drehe Vorzeichen der „negativen Flächen" um

Integrationsregeln:

- $\int_a^b \underbrace{f(x)}_{\downarrow} \cdot \underbrace{g(x)}_{\uparrow} \,\mathrm{d}x = \left[f(x)\cdot G(x)\right]_a^b - \int_a^b f'(x)\cdot G(x)\,\mathrm{d}x$ (Partielle Integration)
- $\int_a^b f\left(g(t)\right)\cdot g'(t)\,\mathrm{d}t = \int_{g(a)}^{g(b)} f(x)\,\mathrm{d}x$ (Substitution)
- Bei Integralen ohne Grenzen nach Substitution auch an Rücksubstitution denken.

8.6 Lösungen zu den Verständnisfragen

(58) Flächenapproximation durch Rechtecke

(a) Die Rechtecke haben beide jeweils die Breite 1. Wir berechnen die Höhe des Rechtecks im Bereich $[2,3]$ und die des Rechtecks im Bereich $[3,4]$:

$$f(2) = -\frac{1}{4}\cdot 2^2 + \frac{9}{4}\cdot 2 - 2 = 1.5$$
$$f(3) = -\frac{1}{4}\cdot 3^2 + \frac{9}{4}\cdot 3 - 2 = 2.5$$

Zusammen ergibt sich als Flächenschätzung $1.5 + 2.5 = 4$ (z. B. cm^2).

(b) Das Integral liefert die gefahrene Strecke im Zeitraum 2. bis Beginn 5. Stunde. Auch hier kann man sich das wieder ähnlich wie bei der Ableitung verdeutlichen: Beim Integrieren betrachten wir Flächen von Rechtecken, also „Höhe mal Breite". In diesem Beispiel haben wir auf der x-Achse die Zeit (in h) und auf der y-Achse die Geschwindigkeit (in km/h), also ergibt das Produkt die gefahrene Strecke (h·km/h=km).

(59) Schreibweise, Eigenschaften und Verbindung zur Differentialrechnung

Wegen der Linearität des Integrals und dank des Hauptsatzes können wir die gesuchte Fläche leicht berechnen:

$$\int_0^{\frac{\pi}{2}} 2\cos(x)\,\mathrm{d}x = 2\int_0^{\frac{\pi}{2}} \cos(x)\,\mathrm{d}x = 2\left(\sin\left(\frac{\pi}{2}\right) - \sin(0)\right) = 2\cdot(1-0) = 2$$

(60) Wichtige Stammfunktionen

$$\int 15x^2 - 7\cos(x) + \frac{1}{2\sqrt{x}}\,\mathrm{d}x = 5x^3 - 7\sin(x) + \sqrt{x} \quad (+c \in \mathbb{R})$$

Um zu zeigen, dass $5x^3 - 7\sin(x) + \sqrt{x}$ tatsächlich Stammfunktion von $15x^2 - 7\cos(x) + \frac{1}{2\sqrt{x}}$ ist, müssen wir die gefundene Stammfunktion nur ableiten:

$$\left(5x^3 - 7\sin(x) + \sqrt{x}\right)' = 15x^2 - 7\cos(x) + \frac{1}{2\sqrt{x}}$$

(61) Flächeninhalt berechnen

Im Intervall $[0,3]$ hat $f(x) = x^2 - 4 = (x-2)(x+2)$ nur die Nullstelle bei 2. Es handelt sich um die Standardparabel, welche lediglich um 4 Einheiten nach unten verschoben wurde. Sie ist also für $0 < x < 2$ negativ und für $2 < x < 3$ positiv. Dementsprechend gilt:

$$\begin{aligned}
\int_0^3 |x^2 - 4|\,\mathrm{d}x &= \int_0^2 -\left(x^2 - 4\right)\mathrm{d}x + \int_2^3 x^2 - 4\,\mathrm{d}x \\
&= \left[-\frac{1}{3}x^3 + 4x\right]_0^2 + \left[\frac{1}{3}x^3 - 4x\right]_2^3 \\
&= \left(-\frac{8}{3} + 8 - (-0+0)\right) + \left(\left(\frac{27}{3} - 12\right) - \left(\frac{8}{3} - 8\right)\right) \\
&= \frac{16}{3} - \frac{9}{3} + \frac{16}{3} = \frac{23}{3} \approx 7.67
\end{aligned}$$

(62) Partielle Integration

$$\begin{aligned}
\int_0^\pi \underbrace{5x}_{\downarrow} \cdot \underbrace{\sin(x)}_{\uparrow}\,\mathrm{d}x &= \left[5x(-\cos(x))\right]_0^\pi - \int_0^\pi 5(-\cos(x))\,\mathrm{d}x \\
&= \left[-5x\cos(x)\right]_0^\pi + \int_0^\pi 5\cos(x)\,\mathrm{d}x \\
&= (-5\cdot\pi\cdot(-1) + 5\cdot 0\cdot 1) + \left[5\sin(x)\right]_0^\pi \\
&= 5\pi + (0-0) = 5\pi
\end{aligned}$$

(63) Substitution

Wir substituieren $t = x^2$, also ist $\mathrm{d}x = \frac{1}{2x}\,\mathrm{d}t$ und es gilt:

$$\begin{aligned}
\int 4x\sin\left(x^2\right)\mathrm{d}x &\overset{t=x^2}{=} \int 2\sin(t)\,\mathrm{d}t \\
&= -2\cos(t) \\
&\overset{t=x^2}{=} -2\cos\left(x^2\right) \quad (+c \in \mathbb{R})
\end{aligned}$$

9 Selbsttest

An einigen Hochschulen werden Aufgaben vor dem Mathematik-Vorkurs angeboten, um den eigenen Wissensstand und die Relevanz des Vorkurs-Besuches eigenständig prüfen zu können. Im Folgenden bieten wir einen solchen Selbsttest an. Die Aufgaben sind nach den Themen dieses Buches sortiert und die Lösungen finden Sie am Ende dieses Kapitels. Sollten Sie Schwierigkeiten beim Bearbeiten der Aufgaben haben, so empfiehlt es sich, den entsprechenden Bereich (ggf. erneut) zu studieren. Bitte beachten Sie, dass sich der Besuch eines Vorkurses (sofern angeboten) an der Hochschule Ihrer Wahl, auch dann lohnen kann, wenn man die Inhalte bereits beherrscht, da man erste Kontakte zu anderen Studierenden knüpfen und die Hochschule stressfrei kennenlernen kann.

9.1 Aufgaben

Aufgabe 1 (Kapitel 1)
Lösen Sie die Klammern folgender reellwertiger Ausdrücke auf (Termumformung).

a) $-3(x-2)-x(-1-x)+(y-z)$

b) $(-2x+6y)(x-y)+2(3y-x)(y-x)$

c) $-(x-2y)(x+2y)\left(4y^2-x^2\right)$

Aufgabe 2 (Kapitel 1)
Es sei $x \in \mathbb{R}$ und $x \neq 0$.

a) Klammern Sie den Ausdruck $-3x$ aus dem Polynom $-3x^3+6x^2-9x$ aus.
b) Zu welchem Ausdruck können Sie also den folgenden Bruch vereinfachen?

$$\frac{-3x^3+6x^2-9x}{-3x}$$

Aufgabe 3 (Kapitel 1)

a) Geben Sie ein Beispiel für eine negative reelle Zahl, die nicht rational ist.
b) Aus welchen reellen Zahlen besteht die folgende Menge?

$$M=\left\{x \in \mathbb{R} \mid x \leq 20 \wedge \exists n \in \mathbb{N}: x=n^2\right\}$$

Aufgabe 4 (Kapitel 1)
Fassen Sie die Ausdrücke zu einem Bruch zusammen und vereinfachen Sie diesen soweit wie möglich.

a) $\frac{1}{2}+\frac{2}{3}-\frac{3}{4}+\frac{1}{12}$

b) $\frac{1}{x}+\frac{x-y}{xy}-\frac{1}{y}$

Aufgabe 5 (Kapitel 1+2)
Kürzen Sie mittels der binomischen Formeln die folgenden reellen Brüche soweit wie möglich.

a) $\frac{3(x-4)^2}{x^2+16-8x}$

b) $\frac{x^2-4x+4}{2x-4}$

c) $\frac{x^2+6x+9}{x^2-9}$

Aufgabe 6 (Kapitel 2)
Berechnen Sie.

a) $\sum_{i=2}^{5}\left(i^2-2i\right)$

b) $\sum_{i=1}^{1000}(4i+1)$

Aufgabe 7 (Kapitel 3)
Lösen Sie die folgenden linearen Gleichungssysteme.

a)

$$\begin{cases} x - 2y + 7z = 8 \\ x + y + 3z = 1 \\ 3x + 3y - z = 2 \end{cases}$$

b)

$$\left(\begin{array}{ccc|c} 1 & -2 & 5 & 8 \\ 1 & 1 & 3 & 1 \end{array}\right)$$

Aufgabe 8 (Kapitel 4)

a) Bestimmen Sie eine Gerade in der Form $g(x) = ax + b$, welche durch die Punkte $(1\,|\,3)$ und $(3\,|\,-3)$ verläuft.
b) Bestimmen Sie nun die Steigung, den y-Achsenabschnitt sowie die Nullstelle der Gerade.

Aufgabe 9 (Kapitel 4)
Gegeben sei die reelle Funktion $f(x) = x^2 - 2x + 3$. Tipp: Scheitelpunktform.

a) Bestimmen Sie Definitions- und Wertebereich sowie die Nullstellen der Funktion.

b) Beschreiben Sie, welche Verschiebung des Graphen von $g(x) = x^2$ zum Graphen von f führen.

Aufgabe 10 (Kapitel 4)
Bestimmen Sie den Definitionsbereich der folgenden reellen Funktionen und geben Sie ihn jeweils als Intervall an.

a) $f(x) = \sqrt{x-1}$

b) $g(x) = \sqrt{\dfrac{1}{2x+1}}$

Aufgabe 11 (Kapitel 4+5)
Bestimmen Sie die reellen Lösungsmengen folgender (Un-)Gleichungen.

a) $2x+3=x^2$

b) $5e^{3x}=10$

c) $e^{\sqrt{x}-1}=-\sqrt[3]{2}$

d) $|x-2|=4$

e) $|2x+4|\leq 6$

Aufgabe 12 (Kapitel 5)
Es sei $x>0$. Schreiben Sie folgende Ausdrücke als *eine* Wurzel. Beispiel: $x^{\frac{3}{4}} = \sqrt[4]{x^3}$.

a) $\dfrac{x^{\frac{1}{2}}\cdot x^{\frac{2}{3}}}{x^{\frac{3}{4}}}\cdot x^{\frac{1}{12}}$

b) $\dfrac{x^2}{\sqrt{x}}$

c) $\sqrt[3]{\sqrt[4]{\sqrt[5]{x}}}\cdot\sqrt[4]{x^{\frac{3}{5}}}$

d) $x^2e^{\frac{1}{2}\ln(x)}$

Aufgabe 13 (Kapitel 6)
Ein Kapital $K_0 = 8400€$ wird mit festem Zinssatz von 3.5% pro Jahr mit Zinseszins bei einer Bank angelegt. Am Ende, nach n Jahren, beträgt das Kapital $K_n = 10687.15€$.

a) Wie viele Jahre war das Kapital angelegt?

b) Wenn man dasselbe Endkapital schon nach 5 Jahren erzielen will, wie hoch müsste der Zinssatz sein?

Aufgabe 14 (Kapitel 6)
Bestimmen Sie die fehlenden Werte zu den Seitenlängen und Winkelgrößen (in Gradmaß) der Dreiecke. Beachten Sie, dass die Dreiecke nicht unbedingt rechtwinklig sind. Runden Sie auf die zweite Nachkommastelle.

a) $\alpha=11°$, $\beta=22°$, $c=4\,\text{cm}$

b) $\alpha=\gamma=44°$, $b=2\,\text{cm}$

Aufgabe 15 (Kapitel 7)
Berechnen Sie die erste Ableitung folgender reeller Funktionen.

a) $f(x) = -2x^5 + 3x^7 - x + \frac{5}{13}$

b) $f(x) = \sqrt{x}$

c) $f(x) = xe^x$

d) $f(x) = e^{2x^3}$

Aufgabe 16 (Kapitel 8)
Berechnen Sie die folgenden Integrale.

a) $\int_0^1 2x - 3\,dx$

b) $\int xe^x\,dx$

c) $\int 6xe^{x^2}\,dx$

9.2 Lösungen

Im Folgenden finden Sie die Lösungen zu den oben vorgestellten Aufgaben.

Lösung Aufgabe 1

a) $-3(x-2) - x(-1-x) + (y-z) = x^2 - 2x + y - z + 6$

b) $(-2x+6y)(x-y) + 2(3y-x)(y-x) = 0$

c) $-(x-2y)(x+2y)\left(4y^2 - x^2\right) = 16y^4 - 8x^2y^2 + x^4$

Lösung Aufgabe 2

a) $-3x^3 + 6x^2 - 9x = -3x\left(x^2 - 2x + 3\right)$

b) $\frac{-3x^3 + 6x^2 - 9x}{-3x} = x^2 - 2x + 3$

Lösung Aufgabe 3

a) Zum Beispiel $-\sqrt{2}$ oder $-\pi$.

b) $M = \{1, 4, 9, 16\}$

Lösung Aufgabe 4

a) $\frac{1}{2}+\frac{2}{3}-\frac{3}{4}+\frac{1}{12}=\frac{1}{2}$

b) $\frac{1}{x}+\frac{x-y}{xy}-\frac{1}{y}=0$

Lösung Aufgabe 5

a) $\frac{3(x-4)^2}{x^2+16-8x}=\frac{3\,(x-4)^2}{(x-4)^2}=3$

b) $\frac{x^2-4x+4}{2x-4}=\frac{(x-2)^2}{2(x-2)}=\frac{1}{2}(x-2)$

c) $\frac{x^2+6x+9}{x^2-9}=\frac{(x+3)^2}{(x-3)(x+3)}=\frac{x+3}{x-3}$

Lösung Aufgabe 6

a) $\sum_{i=2}^{5}\left(i^2-2i\right)=0+3+8+15=26$

b) Mit Summen-Rechenregeln und Formel vom kleinem Gauß folgt:

$$\begin{aligned}\sum_{i=1}^{1000}(4i+1)&=4\sum_{i=1}^{1000}i+\sum_{i=1}^{1000}1\\&=4\frac{1000\cdot 1001}{2}+1000\cdot 1=2003000\end{aligned}$$

Lösung Aufgabe 7

a) Per Gauß-Verfahren zeigt sich, dass die eindeutige Lösung $(x,y,z)=(2.9,-2.2,0.1)$ lautet.

b) Per Gauß-Verfahren erkennt man, dass das LGS unendlich-viele Lösungen besitzt. Der Lösungsraum ist eine Gerade im dreidimensionalen Raum:

$$\begin{pmatrix}x\\y\\z\end{pmatrix}=\begin{pmatrix}\frac{10}{3}\\-\frac{7}{3}\\0\end{pmatrix}+\lambda\begin{pmatrix}-\frac{11}{3}\\\frac{2}{3}\\1\end{pmatrix}$$

Lösung Aufgabe 8

a) $g(x)=-3x+6$

b) Steigung ist -3. Der Schnittpunkt mit der y-Achse liegt bei $(0|6)$. Die Nullstelle ist bei $x=2$.

Lösung Aufgabe 9

a) An $f(x) = x^2 - 2x + 3$ ist zu erkennen, dass eine nach oben geöffnete Parabel vorliegt und dass $D_f = \mathbb{R}$ ist. Die Scheitelpunktform erhält man z. B. mittels quadratischer Ergänzung. Sie lautet $f(x) = (x-1)^2 + 2$. Der Tiefpunkt liegt also bei $(1\,|\,2)$ und wir folgern $W_f = [2, \infty[$. Nullstellen gibt es nicht, da der Tiefpunkt oberhalb der x-Achse liegt.

b) Aus der Scheitelpunktform lässt sich ablesen, dass eine Verschiebung um 2 nach oben und um 1 nach rechts notwendig ist, um den Graph von f aus der Standardparabel zu erhalten.

Lösung Aufgabe 10

a) Zu $f(x) = \sqrt{x-1}$ ist $D_f = [1, \infty[$.

b) Zu $g(x) = \sqrt{\frac{1}{2x+1}}$ ist $D_g = \left]-\frac{1}{2}, \infty\right[$.

Lösung Aufgabe 11

a) $2x + 3 = x^2 \Leftrightarrow x = 3 \vee x = -1$

b) $5e^{3x} = 10 \Leftrightarrow x = \frac{1}{3}\ln(2) \approx 0.23$

c) $e^{\sqrt{x}-1} = -\sqrt[3]{2}$: Da $e^x > 0$ für alle $x \in \mathbb{R}$, ist die Lösungsmenge leer.

d) $|x-2| = 4 \Leftrightarrow x = 6 \vee x = -2$

e) $|2x+4| \leq 6 \Leftrightarrow x \in [-5, 1]$

Lösung Aufgabe 12

a) $\frac{x^{\frac{1}{2}} \cdot x^{\frac{2}{3}}}{x^{\frac{3}{4}}} \cdot x^{\frac{1}{12}} = \sqrt{x}$

b) $\frac{x^2}{\sqrt{x}} = \sqrt{x^3}$

c) $\sqrt[3]{\sqrt[4]{\sqrt[5]{x}}} \cdot \sqrt[4]{x^{\frac{3}{5}}} = \sqrt[6]{x}$

d) $x^2 e^{\frac{1}{2}\ln(x)} = x^2 e^{\ln(\sqrt{x})} = x^2\sqrt{x} = x^{\frac{5}{2}} = \sqrt{x^5}$

Lösung Aufgabe 13

a) Wir setzen die gegebenen Informationen in die entsprechende Formel ein und stellen nach der Anzahl an Jahren (n) um.

$$8400 \cdot \left(1 + \frac{3.5}{100}\right)^n = 10687.15 \Leftrightarrow 1.035^n = \frac{10687.15}{8400} \approx 1.2723$$

Wendet man auf beiden Seiten den natürlichen Logarithmus an, so folgt:

$$n\ln(1.035) = \ln(1.2723) \Leftrightarrow n = \frac{\ln(1.2723)}{\ln(1.035)} \approx 7$$

Also wurde das Geld über 7 Jahre angelegt.

b) Vorgehen wie zuvor, jedoch stellen wir nun nach p um.

$$8400 \cdot \left(1 + \frac{p}{100}\right)^5 = 10687.15 \Leftrightarrow 1 + \frac{p}{100} = \sqrt[5]{\frac{10687.15}{8400}} \approx 1.04934 \Leftrightarrow p \approx 4.93$$

Also müssten wir das Kapital zu einem Jahreszins von 4.93 % anlegen, um schon nach 5 Jahren das gleiche Endkapital zu erreichen.

Lösung Aufgabe 14

a) Die Innenwinkelsumme führt zu $\gamma = 147°$. Der Sinussatz liefert:

$$\frac{a}{\sin(11°)} = \frac{4}{\sin(147°)} \Leftrightarrow a = \frac{4\sin(11°)}{\sin(147°)} \approx 1.4\,\text{cm}$$

Auf gleiche Art führt der Sinussatz zu $b = 2.75\,\text{cm}$.

b) Das Vorgehen ist identisch zur letzten Teilaufgabe.
Die gesuchten Größen lauten: $\beta = 92°$, $a = c = 1.39\,\text{cm}$.

Lösung Aufgabe 15

a) $f(x) = -2x^5 + 3x^7 - x + \frac{5}{13} \Rightarrow f'(x) = -10x^4 + 21x^6 - 1$

b) $f(x) = \sqrt{x} = x^{\frac{1}{2}} \Rightarrow f'(x) = \frac{1}{2}x^{-\frac{1}{2}} = \frac{1}{2\sqrt{x}}$

c) $f(x) = xe^x \Rightarrow f'(x) = e^x + xe^x = (1+x)e^x$ (Produktregel)

d) $f(x) = e^{2x^3} \Rightarrow f'(x) = 6x^2e^{2x^3}$ (Kettenregel)

Lösung Aufgabe 16

a) $\int_0^1 2x - 3\,\mathrm{d}x = \left[x^2 - 3x\right]_0^1 = (1-3) - (0-0) = -2$

b) $\int xe^x\,\mathrm{d}x = xe^x - \int e^x\,\mathrm{d}x = xe^x - e^x + c$ mit $c \in \mathbb{R}$ (partielle Integration)

c) $\int 6xe^{x^2}\,\mathrm{d}x \overset{t:=x^2}{=} \int 3e^t\,\mathrm{d}t = 3e^t = 3e^{x^2} + c$ mit $c \in \mathbb{R}$ (Substitution)

Stichwortverzeichnis